U0307345

喷动循环流化床快速热解技术

杜洪双　秦　静　唐朝发　著
常建民　审

科 学 出 版 社
北　京

内 容 简 介

本书是关于生物质能源化技术及产物利用方面的专业性书籍。系统地介绍了生物质资源情况，并以落叶松为对象，进行了热解动力学研究，设计了喷动循环流化床快速热解系统，测试了喷动循环流化床快速热解系统性能，并应用此系统对落叶松快速热解工艺进行优化，同时对其产物进行分析及利用。本书具有专业性强、系统化的特点，针对一个树种进行了系统研究，为生物质快速热解技术的再开发、再研究起到了抛砖引玉的作用。

本书可供对生物质能源化感兴趣的专业人士阅读。

图书在版编目（CIP）数据

喷动循环流化床快速热解技术 / 杜洪双，秦静，唐朝发著. —北京：科学出版社，2019.11

ISBN 978-7-03-063572-3

Ⅰ. ①喷… Ⅱ. ①杜… ②秦… ③唐… Ⅲ. ①内循环流化床－落叶松－木材热解－研究 Ⅳ. ①TQ351.2

中国版本图书馆 CIP 数据核字（2019）第 273738 号

责任编辑：贾 超 孙静惠 / 责任校对：杜子昂
责任印制：吴兆东 / 封面设计：东方人华

科学出版社出版
北京东黄城根北街 16 号
邮政编码：100717
http：//www.sciencep.com
北京虎彩文化传播有限公司印刷
科学出版社发行 各地新华书店经销
*
2019 年 11 月第 一 版 开本：720 × 1000 1/16
2019 年 11 月第一次印刷 印张：11 3/4
字数：230 000

定价：98.00 元

（如有印装质量问题，我社负责调换）

作 者 简 介

杜洪双　男，出生于1968年4月，汉族，吉林省吉林市人。现在北华大学任教，木材科学与工程专业。1991年9月毕业于吉林林学院木材机械加工专业，同年在南京林业大学木材工业学院进修木材干燥研究生课程，1992年在吉林林学院任教，1998年攻读东北林业大学的研究生班硕士学位，2004年9月至2007年6月攻读北京林业大学木材科学与技术博士学位，研究方向为生物质快速热解。2005年获北京林业大学“学习优秀奖”荣誉。

在攻读博士期间参加导师常建民教授主持的国家“948”项目“木材剩余物真空热解工艺及热解油制胶技术”，参加了吉林省科技厅“利用玉米淀粉生产API胶黏剂”项目，获2006年吉林省科学技术进步奖二等奖。参加了吉林省科技厅“多元共聚水乳性高分子-异氰酸酯（环保型木材）胶黏剂的研究”项目，获2006年吉林省科学技术进步奖三等奖。

前　言

《中华人民共和国国民经济和社会发展第十三个五年规划纲要》把生态环境质量总体改善作为主要目标之一，生产方式和生活方式绿色、低碳水平上升。能源资源开发利用效率大幅提高，能源和水资源消耗、建设用地、碳排放总量得到有效控制，主要污染物排放总量大幅减少。主体功能区布局和生态安全屏障基本形成。

进入21世纪以来，发展知识经济和循环经济已经成为世界经济发展的潮流。发展知识经济要求人们加强经济运行过程中智力资源对物质资源的替代，实现经济活动向知识化转变；发展循环经济要求以环境友好的方式利用自然资源、经济资源、环境容量，实现经济活动向生态化转变。与此同时，经济社会发展却面临着资源短缺的制约。

能源短缺、环境恶化是人类面临的生存问题。在这个大背景下，开发利用可再生的生物质资源、实现人类社会的可持续发展、创造出以环境友好的方式利用自然资源的技术、实现经济活动向生态化转变已经成为世界各国的重要发展战略。采用快速热解技术，可将低品位的生物质转化成高品质的生物油燃料或者高附加值的化工原料，这是生物质资源高效利用的重要手段，也是目前国内外研究的热点。本书以我国储量丰富的落叶松木材为原料，以实现生物油高得率、多元酚高含量、高活性、低成本为目标，研制了特色鲜明的喷动循环流化床快速热解系统，探索了不同条件下生物油产率、成分的影响因素和落叶松快速热解的最佳工艺，建立了生物油产率动力学方程；采用热重法（thermogravimetry，TG）、微商热重法（derivative thermogravimetry，DTG）、差热分析（differential thermal analysis，DTA）等方法对落叶松木材的热解特性进行了研究，确定了落叶松木材热解动力学机理函数，建立了落叶松木材热解转化率动力学方程；采用傅里叶变换红外光谱（Fourier transform infrared spectroscopy，FTIR）、气相色谱-质谱联用（gas chromatography-mass spectrometry，GC-MS）、X射线衍射（X-ray diffraction，XRD）及场发射扫描电镜（FSEM）分析方法对生物油的成分和热解炭的结晶度进行了研究。

本书撰写分工如下：杜洪双负责撰写第 2 章～第 4 章及第 7 章，杜洪双、秦静共同撰写了第 1 章、第 5 章和第 8 章，杜洪双及唐朝发共同撰写了第 6 章、附录及绘制书中部分章节插图，全书由杜洪双统稿。北京林业大学常建民教授审阅了全书，并提出了许多宝贵意见，在此表示衷心的感谢。

由于时间仓促，作者水平有限，书中不足之处在所难免，敬请读者批评指正。

杜洪双

2019 年冬

目　录

第 1 章　绪论 …… 1
1.1　木质生物质和落叶松资源 …… 3
1.1.1　我国木质生物质资源 …… 3
1.1.2　我国落叶松资源 …… 4
1.2　林木生物质资源转化利用 …… 5
1.2.1　基本概念 …… 5
1.2.2　国外研究 …… 5
1.2.3　国内研究 …… 6
1.2.4　发展趋势 …… 7
1.3　生物质快速热解研究及趋势 …… 8
1.3.1　快速热解及其产物——生物油 …… 8
1.3.2　生物质热解动力学模型 …… 9
1.3.3　快速热解影响因素 …… 10
1.3.4　生物质快速热解设备 …… 14
1.4　生物油制备酚醛树脂研究 …… 16
1.5　研究的目的和意义 …… 17
1.6　主要研究内容 …… 18
第 2 章　落叶松木材热解动力学 …… 20
2.1　落叶松木材的工业组成、元素组成和化学组成 …… 20
2.1.1　实验 …… 20
2.1.2　结果与讨论 …… 21
2.2　热解动力学理论 …… 22
2.2.1　化学反应动力学 …… 22
2.2.2　热解动力学 …… 22
2.3　落叶松木材热重分析 …… 24
2.3.1　实验 …… 24
2.3.2　结果与讨论 …… 25
2.4　落叶松木材热解动力学方程建立 …… 33
2.4.1　热解动力学基本方程 …… 33

2.4.2 建立热解动力学模型的基本思想 ……34
2.4.3 热解动力学机理函数的确定 ……35
2.4.4 热解动力学参数 ……48
2.4.5 落叶松木材热解动力学方程 ……49
2.5 落叶松木材热解动力学模型的优点 ……53
2.6 本章小结 ……53
第 3 章 喷动循环流化床快速热解系统 ……55
3.1 喷动循环流化床快速热解系统总体思路 ……55
3.1.1 喷动循环流化床反应器 ……57
3.1.2 进料系统 ……61
3.1.3 旋风烧蚀反应器（旋风分离器） ……61
3.1.4 冷凝装置 ……64
3.1.5 加热系统 ……65
3.1.6 风机 ……65
3.1.7 控制及测试系统 ……65
3.2 喷动循环流化床快速热解系统特点 ……67
3.3 本章小结 ……67
第 4 章 喷动循环流化床快速热解系统性能 ……69
4.1 气固两相流理论 ……69
4.1.1 气固流化状态 ……69
4.1.2 鼓泡床常用的气固两相流动速度 ……70
4.1.3 临界流化速度测试方法 ……71
4.2 输料系统性能 ……72
4.2.1 实验原料与方法 ……72
4.2.2 实验结果与分析 ……73
4.3 喷动循环流化床反应器冷态流化特性 ……73
4.3.1 实验 ……73
4.3.2 实验结果及分析 ……75
4.4 喷动循环流化床反应器热态特性 ……85
4.4.1 喷动循环流化床反应器升温速率 ……85
4.4.2 升温过程对喷动循环流化床反应器内压力影响 ……85
4.4.3 热解过程中进料量对温度的影响 ……86
4.4.4 热解过程中流化气体流量对温度的影响 ……86
4.5 本章小结 ……87

第5章 喷动循环流化床落叶松树皮快速热解特性……89
5.1 热解工艺参数对热解产物产率的影响……89
5.1.1 热解产物产率计算方法……89
5.1.2 实验过程和方法……90
5.1.3 实验结果与分析……92
5.2 落叶松木材快速热解动力学模型的建立……95
5.2.1 快速热解动力学基本方程……96
5.2.2 落叶松树皮快速热解基本方程的求解……96
5.2.3 落叶松树皮快速热解模型的验证……98
5.3 落叶松木材快速热解机理……99
5.4 本章小结……100
第6章 落叶松木材快速热解工艺优化……101
6.1 实验方法和过程……101
6.1.1 实验原料和实验过程……101
6.1.2 正交实验设计……102
6.2 实验结果与分析……103
6.2.1 工艺参数对生物油产率、酚类物质含量及胶合强度的影响……103
6.2.2 工艺参数对炭堆积密度的影响……107
6.2.3 工艺参数优化……108
6.3 物料混合比、含水率对热解产物产率的影响……110
6.3.1 物料混合比对热解产物产率的影响……110
6.3.2 含水率对落叶松树皮热解产物产率的影响……111
6.4 经济效益分析……113
6.4.1 生物油生产成本分析……113
6.4.2 预期效益分析……115
6.5 本章小结……117
第7章 落叶松木材快速热解产物……118
7.1 实验材料和仪器设备……118
7.1.1 实验材料……118
7.1.2 仪器设备……119
7.2 落叶松快速热解生物油分析……121
7.2.1 生物油分析……121
7.2.2 16个工况下生物油酚类物质相对含量的GC-MS分析……122
7.2.3 优化工艺下不同原料快速热解生物油成分对比分析……125

7.2.4 优化工艺下不同含水率树皮快速热解生物油成分对比分析 …… 132
7.3 优化工艺下落叶松快速热解气体和不凝气体 TCT 分析 …… 136
7.4 落叶松木材快速热解产物炭的物性分析 …… 139
7.4.1 热解炭场发射扫描电镜分析 …… 140
7.4.2 热解炭 X 射线衍射分析 …… 141
7.5 本章小结 …… 142
第 8 章 结论与展望 …… 143
8.1 结论 …… 143
8.1.1 落叶松木材热重分析及动力学研究 …… 143
8.1.2 喷动循环流化床快速热解系统的研制及性能研究 …… 144
8.1.3 喷动循环流化床落叶松树皮快速热解特性研究 …… 144
8.1.4 落叶松木材快速热解工艺的研究 …… 145
8.1.5 落叶松木材快速热解产物分析 …… 145
8.2 主要创新点 …… 146
8.3 建议和展望 …… 147
参考文献 …… 149
附录 …… 159
附录 1 落叶松树皮不同升温速率不同模型动力学参数 …… 159
附录 2 Popescu 法计算的各种动力学函数在 520～700K 内不同温度段的相关系数 …… 161
附录 3 粒径为 0.45～0.9mm，静床层高为 50mm，沙子流化床层表面状态 …… 165
附录 4 粒径为 0.45～0.9mm，静床层高为 100mm，沙子流化床层表面状态 …… 165
附录 5 粒径为 0.45～0.9mm，静床层高为 150mm，沙子流化床层表面状态 …… 166
附录 6 粒径为 0.3～0.45mm，静床层高为 50mm，沙子流化床层表面状态 …… 166
附录 7 粒径为 0.3～0.45mm，静床层高为 100mm，沙子流化床层表面状态 …… 167
附录 8 粒径为 0.3～0.45mm，静床层高为 150mm，沙子流化床层表面状态 …… 168
附录 9 粒径为 0.2～0.3mm，静床层高为 50mm，沙子流化床层表面状态 …… 168

附录 10　粒径为 0.2～0.3mm，静床层高为 100mm，
沙子流化床层表面状态 ………………………………………………… 169
附录 11　粒径为 0.2～0.3mm，静床层高为 150mm，
沙子流化床层表面状态 ………………………………………………… 169
索引 ……………………………………………………………………………… 171

第1章 绪 论

随着能源消耗日益增加以及化石能源的过度利用，能源短缺、环境污染问题已成为全球关注的焦点，开发可再生的生物质能源和新型生物质化工原料已成为当今世界发展的趋势。农林生物质是自然界可再生资源的重要组成部分，在生物质资源中占有十分重要的地位，将其合理地转化为能源或化工原料对于减少常规化石资源消耗、弥补化工原料不足、减少环境污染，实现可持续发展，具有重要的现实意义。

喷动循环流化床快速热解的创新点如下。

（1）立足于利用生物油替代苯酚制备生物油改性酚醛树脂及工程化角度，创新性地对快速热解机理、工艺、设备以及快速热解生物油高附加值利用整个产业链进行了系统的、全面深入的理论研究和实验探索，取得了一系列成果。在此领域，如此从理论、工艺、设备和应用系统等方面进行的研究，还未见报道。研究成果明晰了利用快速热解手段实现生物质资源化工利用的有效途径，解决了快速热解产业化某些关键技术和经济性问题，对于生物质快速热解产业化提供了科学依据。此技术具有很大的应用价值和广阔的应用前景。

（2）在喷动循环流化床反应器的设计中，提出了平衡区和热解反应区的新概念。实验结果表明：根据这两个概念设计的分段式流化床能够使物料热解更为充分，可明显提高生物油产率，并且很好地解决了固相滞留时间受气相滞留时间控制的问题。

（3）提出了二次进料和旋风分离相结合的新技术，由此将流态化与旋风烧蚀两种快速热解方式有机结合起来，研制出了流态化-旋风烧蚀双反应器快速热解新型设备。实验证明：该系统可降低流化床产生的热解气体进入冷凝器的温度，减少了冷凝器的负荷；更重要的是有效利用了流化床产生的热解气体热量加热二次进料，二次进料在旋风分离器内进行旋风烧蚀快速热解，这样在不增加循环气体动力的情况下，增加了进料量，提高了热解能力，降低了单位物料的能量消耗。

（4）创新性地研究了含水率对落叶松树皮热解转化率的影响。研究发现：以温度 656K 为分界点，含水率对落叶松树皮热解特性的影响存在差异明显的两个区间。656K 以下时，在热解反应阶段，含水率对热解转化率没有影响；在 656K 以上时，含水率 15%～35%范围内，落叶松树皮热解转化率基本相同，且高于含水率为5%的落叶松树皮。快速热解基本发生在656K以上，因此，这个发现对于确定热解物料的最佳含水率和计算物料热解转化率具有重要意义。

（5）建立了描述落叶松木材热解转化率的热解动力学模型，提出了与以往研究不同的特征相关法来确定模型中热解机理函数的新方法。此方法直接采用曲线比较，简化了通常确定热解机理函数的烦琐过程，避免了推导过程中由于简化而产生的误差。所建立的热解动力学模型直观、简洁、实用，可很好地描述落叶松木材热解现象，预测不同热解温度下的转化率，为从理论上研究落叶松热解特性以及为研究落叶松木材快速热解动力学奠定了基础。

（6）以提高生物油产率、生物油中酚类物质含量和活性、生物油改性酚醛树脂质量及胶合板强度为目标，建立了落叶松快速热解工艺优化模式，并提出了在本书研究内容条件下的落叶松快速热解最佳工艺。优化实验表明，采用本优化工艺可以使生物油产率达到60%以上，生物油中酚类物质含量高于30%，生物油改性酚醛树脂苯酚替代率可达到40%，制备的胶合板性能指标达到了国家I类板标准。

（7）创新性地建立了落叶松树皮快速热解产物——生物油产率和不凝结气体产率的快速热解动力学模型。通过模型预测值与实验值比较，证明该模型能很好地预测落叶松树皮快速热解产物——生物油和不凝结气体的产率。该模型的建立为从理论上探索落叶松树皮热解机理和特性提供了新的手段，也可为成本核算以及经济效益分析提供参考。

（8）研究发现：落叶松树皮快速热解过程中，当温度大于823K时发生二次热解，部分生物油蒸气二次裂解成小分子的不可凝气体和炭；当温度小于823K时，不存在二次热解。

（9）提出了喷动循环流化床与流化气体循环相结合的新技术，该技术具有以下特点：①克服了流化床分层或节涌的缺点，避免了在喷动床的环隙区内气固两相接触差和高床层不稳定的缺点，使物料与热的床料混合更为充分，热解更为彻底；②采用热解过程中产生的不凝结气体作为流化气体，省略了使用价格较高的氮气，降低了生物油成本，同时也提高了循环流化气体中CO和H_2的浓度，有助于热解反应向有利于提高生物油产率的方向发展。

（10）以含水率25%为分界点，含水率对落叶松树皮快速热解产物产率的影响存在两种不同规律。含水率低于25%时，随含水率的增加生物油的产率减少，气体产率增加；相反，含水率高于25%时，随含水率增加生物油的产率增加，气体产率减少。与生物油产率和气体产率相比，炭的产率受含水率的影响不大。

（11）四个热解参数对生物油产率影响程度依次为：热解温度＞流化气体流量＞粒径＞进料量，热解温度在823K时，生物油产率最大；对生物油中酚类物质含量影响程度依次为：粒径＞热解温度＞进料量＞流化气体流量。

（12）落叶松树皮和实木的混合比（k）对混合物快速热解产物有一定影响。研究发现，在生物油的形成过程中，当热解温度为823K时、k在0.2～0.8之间，混合物快速热解生物油的产率高于理论值，落叶松树皮和实木发生轻微的热解协同反应。

（13）相同条件下，落叶松树皮和实木快速热解脱水油组成成分有区别：落叶松树皮脱水油中饱和烃、酯类含量大于实木，芳香类化合物含量小于实木，成分种类多于实木。

（14）热解温度对热解炭的结晶度有显著影响。热解温度提高，结晶度下降，但结晶化程度提高，XRD出峰在2θ为44.02°～44.05°的位置。

1.1 木质生物质和落叶松资源

1.1.1 我国木质生物质资源

我国林木生物质资源比较丰富，发展的潜力和空间巨大。根据2014年公布的第八次中国森林资源清查结果，近年来中国森林面积持续增长，森林蓄积稳步增加，森林质量有所改善。全国森林面积已达2.08亿hm^2，森林覆盖率21.63%，森林蓄积量151.37亿m^3。其中人工林面积0.69亿hm^2，蓄积24.83亿m^3。根据调查测算，我国现有林木生物质中可用作工业能源原料的生物量有3000亿kg，如全部开发利用，可替代2000亿kg标准煤，相当于目前我国化石能源消耗量的1/10。据资料统计，我国仅现有的农林废弃物实物量为15000亿kg，约合7400亿kg标准煤，可开发量约为4600亿kg标准煤。专家预测2020年实物量和可开发量将分别达到11650亿kg和8300亿kg标准煤。中国目前每年的林业废弃物及加工剩余物高达数亿吨。沙生灌木资源也十分丰富，仅内蒙古和辽宁就有$2.2\times10^8m^2$，但目前实际利用率仅为5%，潜力巨大。

我国现有木本油料林总面积超过$6\times10^8m^2$，主要油料树种果实年产量在20亿kg以上，其中，不少是转化生物柴油的原料，如麻风树、黄连木等树种果实是开发生物柴油的上等原料。

我国现有超过$3\times10^8m^2$薪炭林，每年约可获得80亿～1000亿kg高燃烧值的生物量；中国北方有大面积的灌木林亟待利用，估计每年可采集木质燃料资源1000亿kg；全国用材林已形成大约570亿m^2的中幼龄林，如正常抚育间伐，可提供1000亿kg的生物质能源原料；同时，林区木材采伐、加工剩余物、城市街道绿化修枝还能提供可观的生物质能源原料。

目前全国尚有超过 54 亿 m^2 的宜林荒山荒地，如果利用其中 20%的土地来种植能源植物，每年产生的生物质量可达 2000 亿 kg，相当于 1000 亿 kg 标准煤；我国还有近 100 亿 m^2 的盐碱地、沙地、矿山、油田复垦地，这些不适宜农业生产的边缘土地资源，经过开发和改良，大都可以变成发展林木生物质能源的绿色“大油田”“大煤矿”，补充我国未来经济发展对能源的需要。

树皮是树木有机体的重要组成部分，一般占树木地面以上部位的 10%～20%，其资源约占原木材积的 13%（郑志方，1985），但长期以来树皮被看成废料而不被人们重视，除少量用作燃料以外，大部分都被浪费掉。而树皮化学研究表明：对同一树种，树皮与木材中的酚类化合物在化学结构和化学性质上基本一致，只是各种酚类化合物的含量不同（郑志方，1985）。树皮属于植物多酚类物质，含有大量的酚类物质和树脂酸，对于空气、水等自然环境是潜在的污染源。从化学特征看多酚类物质包含 Ar-C_1，Ar-C_2，Ar-C_3，Ar-C_2-Ar，Ar-C_3-Ar 等结构。树皮热解产物含有丰富的酚类物质，可用于替代苯酚，制作环保型酚醛树脂黏结材料。Kelley 等发现，木材热解油中的酚羟基含量高于木质素而甲氧基含量低于木质素。因此，为了充分利用资源，减少环境污染，提高木材综合利用率，对树皮的研究需引起国内外研究者的重视。

1.1.2 我国落叶松资源

落叶松属于落叶、针叶大乔木，树干高大通直，树高 25～30m，最高能达到 40m，胸径一般多为 200～300mm，最大可达到 1m 以上，基本密度为 $0.641g\cdot cm^{-3}$。

落叶松是北半球特有的针叶树种，广泛分布于北美、欧洲和亚洲等地区北纬 40°附近。我国具有丰富的落叶松资源，其中兴安落叶松是我国北方地区速生针叶树种之一，主要分布于大兴安岭林区，占整个林地面积的 70%以上，其速生材的人工后备资源十分雄厚，人工林面积已达 $9.2\times10^7m^2$，成熟林蓄积量为 $5.89\times10^8m^3$，中龄林的蓄积量为 $1.84\times10^8m^3$，二者占全国用材林木材蓄积量的 22.9%。目前在国内所有树种中，兴安落叶松的蓄积量占第一位（李坚和栾树杰，1993；李民栋和纪文兰，1994）。落叶松树皮中的一元酚类物质（如木质素）占木材的 20%～30%（中野準三等，1989），多元酚类物质（单宁）占树皮栲胶的 2/3（肖尊琰，1988）。因此，采用高新技术将落叶松树皮及采伐剩余物和加工剩余物转化为化工替代原料，不但可以高效利用资源，还具有广阔的市场发展前景。例如，利用生物油替代苯酚制备生物油改性酚醛树脂，既可以生产无甲醛的环保型人造板，又可以减少对石油资源的消耗，同时还会产生巨大的经济效益和生态效益。

1.2　林木生物质资源转化利用

1.2.1　基本概念

采取工业化利用技术将林木生物质转化为工业能源和化工原料，形成新的能源和化工原料产业，是缓解我国能源需求的一条重要途径。

林木生物质转化方式可分为 3 种：化学转化、生物转化和物理转化。按照最终产品形态可分为：气化、液化和固化。

热化学转化是指在高温下将生物质转换成具有其他形态能量物质的转化技术（顾念祖，1998）。热化学转化包括热解、液化、气化等。热解可使林木生物质转化为碳氢化合物富集的气体、油状液体和炭；液化是指在某些有机物的存在下，将木材转化为类似液体的黏稠状流体的热化学过程，其产物可用于制造胶黏剂、三维固化制模材料、泡沫塑料、纤维等；气化是将固体燃料转化成可燃气体。

生物转化是指在缺氧条件下利用微生物（某些细菌）使有机物分解生产可燃气体或液体，包括生物质发酵制取沼气或乙醇（顾念祖，1998）。

物理转化是指将生物质压制成成型状燃料（如块形、棒形燃料），以便集中利用和提高热效率。

目前，生物质气化、直接燃烧发电、固化成型已经达到比较成熟的商业化阶段，而生物质的液化还处于研究、开发及示范阶段。从产物来分，生物质液化可分为制取液体燃料（乙醇和生物油等）和制取化学品。由于制取化学品需要较为复杂的产品分离与提纯过程，技术要求高，且成本高，目前国内外还处于实验室研究阶段，有许多文献对热转化及催化转化精制化学品的反应条件、催化剂、反应机理及精制方法等进行了详细报道。

1.2.2　国外研究

生物质气化技术应用早在第二次世界大战期间就达到高峰。随着人们对生物质能源开发利用的关注，对气化技术应用研究重又引起人们的重视。奥地利成功地推行建立燃烧木材剩余物的区域供电计划，加拿大有 12 个实验室和大学开展了生物质的气化技术研究，瑞典和丹麦正在实行利用生物质进行热电联产的计划，美国有 350 多座生物质发电站，主要分布在纸浆、纸产品加工厂和其他林产品加工厂。

流化床气化技术从 1975 年以来一直是科学家们关注的热点，包括循环流化床、加压流化床和常规流化床。印度开发研究用流化床气化农业剩余物如稻壳、甘蔗渣等，建立了一个中试规模的流化床系统。1995 年美国夏威夷大学和佛蒙特大学在美国能源部的资助下开展了流化床气化发电的研究工作。欧美等发达国家和地区科研人员在催化气化方面已经做了大量的研发工作，研究范围涉及催化剂的选择、气化条件的优化和气化反应装置的适应性等方面，并且已经在工业生产装置中得到了应用。

20 世纪 40 年代，国外开始了生物质的成型技术研究、开发。现已成功开发的成型技术主要有三大类：日本开发的螺旋挤压生产棒状成型技术、欧洲各国开发的活塞式挤压制圆柱块状成型技术，以及美国开发研究的内压滚筒颗粒状成型技术和设备。

生物质制取液体燃料如乙醇、甲醇、液化油等也是一个热门的研究领域。加拿大用木质原料生产的乙醇产量为 17 万 t，比利时每年用甘蔗为原料，制取乙醇量达 3.2×10^7kg 以上，美国每年用农林生物质和玉米为原料生产乙醇大约 4.5×10^9kg。

生物质能的液化转换技术，是将生物质经粉碎预处理后在反应设备中，添加催化剂或无催化剂，经化学反应转化成液化油。美国、新西兰、日本、德国、加拿大等都先后开展了研究开发工作，液化得率已达到绝干原料的 50%以上。欧盟组织资助了三个项目，以生物质为原料，利用快速热解技术制取液化油，已经完成 $100\text{kg}\cdot\text{h}^{-1}$ 的试验规模，并拟进一步扩大至生产应用。

1.2.3　国内研究

我国生物质利用研究开发工作起步较晚。20 世纪 80 年代以来随着经济的发展，生物质利用研究工作逐步开始得到政府和科技人员的重视。主要研究领域集中在气化、固化、热解和液化方面。

生物质气化技术的研究在我国发展较快。中国林业科学研究院林产化学工业研究所从 80 年代开始研究开发了集中供热、供气的上吸式气化炉，建成了用枝丫材削片处理，气化制取民用煤气，供居民使用的气化系统。在江苏省研究开发以稻草、麦草为原料，应用内循环流化床气化系统，产生接近中热值的煤气。山东省科学院能源研究所研究开发了下吸式气化炉，主要用于秸秆等农业废弃物的气化，已达到产业化规模。中国科学院广州能源研究所开发的以木屑和木粉为原料，应用外循环流化床气化技术，制取木煤气作为干燥热源和发电，已完成发电能力为 180kW 的气化发电系统。另外中国农业机械化科学研究院、浙江大学等单位也先后开展了生物质气化技术的开发研究工作。

我国生物质的固化技术研究始于80年代中期，其生产现已达到工业化规模。目前国内有数十家工厂，用木屑为原料生产棒状成型木炭。1990年中国林业科学研究院林产化学工业研究所与江苏省东海县粮食机械厂合作，研究开发生产了单头和双头两种型号的棒状成型机。1998年又与江苏正昌集团合作，共同开发了内压滚筒式颗粒成型机。南京市平亚取暖器材有限公司从美国引进适用于家庭使用的取暖炉，通过国内消化吸收，现已形成生产规模。

生物发酵制气技术在我国已经形成工业化，技术亦趋成熟，利用的原料主要是动物粪便和高浓度的有机废水。沈阳农业大学从国外引进一套流化床快速热解试验装置，研究开发液化油的技术。另外，中国林业科学研究院林产化学工业研究所进行了生物质催化气化技术研究。华东理工大学还开展了生物质酸水解制取乙醇的试验研究，但尚未达到工业化生产。

1.2.4 发展趋势

能源危机以来，生物质资源的开发利用研究进一步引起了人们的重视。美国、瑞典、奥地利、加拿大、日本、英国、新西兰等发达国家，以及印度、菲律宾、巴西等发展中国家都分别修订了各自的资源战略，投入大量的人力和资金从事生物质利用的研究开发。根据国外生物质资源利用技术的研究开发现状，并结合我国现有技术水平和实际情况来看，我国未来生物质资源利用研究将主要集中在以下几方面。

（1）高效直接燃烧技术和设备。我国约有14亿人口，多数居住在广大的乡村和小城镇。其生活用能的主要方式仍然是直接燃烧。剩余物秸秆、稻草松散型物料，是农村居民的主要能源，开发研究高效的燃烧炉，提高使用热效率，仍将是应予解决的重要问题。

（2）高效固体成型设备。生物质固体成型燃料在我国将会有较大的市场前景，家庭和温室取暖用的颗粒成型燃料将会是生物质成型燃料的研究开发之热点。

（3）集约化综合开发利用。生物质能尤其是薪材不仅是很好的能源，而且可以用来制造出木炭、活性炭、木醋液等化工原料。大量速生薪炭材基地的建设，为工业化综合开发利用木质能源提供了丰富的原料。建立能源工厂，把生物质能进行化学转换，产生的气体收集净化后，输送到居民家中作燃料，可提高使用热效率和居民生活水平。这种生物质能的集约化综合开发利用，既可以解决居民用能问题，又可通过工厂的化工产品生产创造良好的经济效益，也为农村剩余劳动力提供就业机会。因此，从生态环境和能源利用角度出发，建立能源材基地，实施“林能”结合工程，是切实可行的发展方向。

（4）生物质资源的高效开发利用。生物质资源利用新技术的研究开发，包括生物技术高效低成本转化应用、常压快速液化制取液化油、催化化学转化技术的研究，以及生物质能转化设备如流化床的研发等。

（5）在生物质能化学转化中催化降解、直接和间接液化机理，高产生物能基因及其变异性规律，生物转化微生物“杂交”等基础理论和应用研究。

1.3 生物质快速热解研究及趋势

1.3.1 快速热解及其产物——生物油

生物质快速热解液化是在传统裂解基础上发展起来的一种技术，相对于传统裂解，它采用超高加热速率（10^2～10^4K·s^{-1}）、超短产物停留时间（0.2～3s）及适中的裂解温度，使生物质中的有机高聚物分子在隔绝空气的条件下迅速断裂为短链分子，使焦炭和不凝结气体降到最低限度，从而最大限度获得液体产品生物油(bio-oil)。生物油为棕黑色黏性液体，热值达 20～22MJ·kg^{-1}，可直接作为燃料使用，也可经精制成为化石燃料的替代物。因此，随着化石燃料资源的逐渐减少，生物质快速热解液化的研究在国际上引起了人们广泛的兴趣。自 1980 年以来，生物质快速热解技术取得了很大进展，成为最有开发潜力的生物质液化技术之一。国际能源署组织了美国、加拿大、芬兰、意大利、瑞典、英国等国的 10 多个研究小组进行了 10 余年的研究与开发工作，重点对该技术的发展潜力、技术经济可行性以及参与国之间的技术交流进行了调研，认为生物质快速热解技术比其他技术可获得更多的能源和更大的效益。

生物质快速热解液化产物中，不凝结气体主要由 H_2、CO、CO_2、CH_4 及 C_2～C_4 烃组成，可作为燃料气；固体主要是焦炭，可作为固体燃料；作为主要产品的生物油，有较强的酸性，成分复杂，以碳、氢、氧元素为主，成分多达几百种，基本不含硫及灰分等对环境有污染的物质。从组成上看，生物油是由水、焦炭及含氧有机化合物等组成的一种不稳定混合物，包括有机酸、醛、酯、缩醛、半缩醛、醇、烯烃、芳烃、酚类、蛋白质、含硫化合物等。实际上，生物油的组成是裂解原料、裂解技术、除焦系统、冷凝系统和储存条件等因素的复杂函数。

生物油具有高度氧化、相对不稳定、黏稠、腐蚀性、化学组成复杂的特点，因此直接用它来取代传统的石油燃料受到了限制，需要对其进行精制与优化处理，以提高其质量。有人研究通过加氢精制除去 O，并调整 C、H 比例，得到汽油及柴油，但此过程将产生大量水，而且生物油成分复杂，杂质含量高，容易造成催化剂失活，成本较高，因而降低了生物油与化石燃料的竞争力。这也是长期以来没有得到很好解决的技术难题。生物油提取高价化学品的研究虽然也有报道，但也因技术成本较高而缺乏竞争力。

快速热解生物油中酚类物质含量高于传统热解。国内外有人将这种生物油直接作为苯酚的替代物，制备生物油酚醛树脂，这是截至目前所发现的热解油直接利用比较成功的例子。

1.3.2 生物质热解动力学模型

尽管几十年来各国学者对热解模型进行了许多研究，但由于生物质快速热解是一种十分复杂的化学反应过程，截至目前，人们对热解的一些现象仍然不够明晰，对模型的认识还有盲区。

1. 国外热解模型研究

国外对热解模型研究始于20世纪70年代。Kung等对木材的热解过程采用一级反应动力学的假设，获得热解数学模型。Chan等于1985年研究了木屑、锯末和纤维素、木质素等压缩成的10mm的圆柱形样品，从一面加热，确定了其能量传递方程。1991年，Font和Marcilla对杏树的热解进行了非等温热重实验和动力学分析，建立了“伪双组分全局反应模型”来描述热解失重动力学机理。1997年，Blasi建立了质传递模型，解决了热解过程中形成的生物油和气体产物的对流传热和扩散问题。Koufopanos和Chan等提出了连续和竞争反应模型，用表观动力学方程去描述生物质的一次热解反应和二次热解反应（Koufopanos et al.，1991；Chan et al.，1985）。1997年，Bilbao等对空气气氛中松木的热分解进行了非等温失重实验，并使用单组分全局反应模型进行动力学分析。1999年，Klose和Wiest用热重仪研究了木材热解过程中催化剂对热解行为的影响，并实验确定相应的动力学参数。在生物质热解研究中，Koufopanos的热解反应模型得到了广泛关注和使用（Babu and Chaurasia，2003；Jalan and Srivastava，1999；Srivastava et al.，1996）。2003年，Manya等在研究甘蔗渣和木屑的热解时，认为生物质的主要组分半纤维素、纤维素和木质素进行着独立的热降解反应，而生物质热解特性为3种主要组分热解的叠加。Chen等（2003b）对生物质热解生产气体燃料的动力学进行了研究。

2. 国内热解模型研究

国内对热解模型的研究起步较晚，研究相对较少。宋春财等建立了生物质的一级反应、平行反应模型（宋春财和胡浩权，2003；宋春财等，2003；何芳等，2002；刘汉桥等，2003；胡云楚等，1995；文丽华等，2004）；刘乃安等（1998，

2001）对林木生物质的热解进行了动力学研究，建立了二级反应动力学模型，并建立了描述生物质热解失重过程的双组分分阶段反应模型、准机理模型（pseudo-mechanistic model）。准机理模型有两种：单步全局模型和半全局动力学模型。郭艳等（2001，2002）将现代化学分析领域中重要的分析手段——裂解气相色谱法应用于杨木快速裂解过程机理的研究。结果表明，杨木裂解过程中主要存在着生成生物油和生成炭两个反应的竞争和一个生物油二次裂化的连串反应，热解温度、挥发性产物停留时间、升温速率决定着哪一种反应占据主要地位，从而得到完全不同的产物分布。余春江等（2002）基于 Broido-Shafizadeh（B-S）热解动力学模型进行了验证计算和分析比较，得到了一个新的模型，克服了 B-S 模型中由于试验样品体积较大，样品颗粒内部存在传热限制而导致的动力学参数偏差。何芳等（2003）对 R. S. Miller 模型和 A. M. C. Janse 模型进行试验比较：R. S. Miller 模型和热解实验较吻合，而 A. M. C. Janse 模型和实验及平行一级反应模型差别较大，对玉米、小麦秸秆快速热解液化进行计算时，建议选用 R. S. Miller 模型。蒋剑春和沈北邦（2003）对木屑在不同的升温速率下热解反应进行研究，得出热解反应动力学模型已经不能用传统的数学模型表示，快速热解反应的机理将不同于人们通常描述的步骤，相应的反应活化能这一重要的参数会发生很大变化，升温速率的快慢与生物质热解动力学的关联性强。

1.3.3 快速热解影响因素

在快速热解反应过程中，会发生一系列的化学变化和物理变化，前者包括一系列复杂（一级、二级）的化学反应；后者包括热传递和物质传递两方面，它受颗粒大小的影响极大。温度、升温速率、气体和固体滞留时间、原料组成、热解压力和物料粒径是影响热解反应过程及结果的主要因素。

1. 温度

物料在热解反应器内的运动过程，是一个升温和热解同时进行并相互作用的过程。生物质热解最终产物中气体、生物油和炭各占比例的多少，随反应温度的不同有很大差异。热解温度较低时，热解的主要产物是炭，随着热解温度的升高，物料可以更充分地进行热解反应，产生生物油，但若温度超过了 973K，就会使物料更多地转化为不可凝气体，热解产物中生物油含量下降；另外，二次热解反应的发生，使已产生的生物油进一步裂解或重聚合，转化为不可凝气体（燃气）、固体炭或其他小分子、大分子的液态产物。

Chen 等（2003b）在研究稻秆和锯末热解制氢时发现：当温度高于 773K 时，温度变化对炭的产量没有明显的影响，随着温度的升高炭量略有降低。Dai 等

（2000）在循环流化床上对木屑热解研究时，得出结论：当热解温度高于573K时，炭内的H/C随着温度的升高而减小，而O/C保持恒定。Islam等（1999）在利用流化床研究油棕壳在氮气的保护下热解时发现生物油含有较高氧的酚基化合物，当热解温度在823K时，热解的主要产物是大量的富氧液体有机化合物，如醛、酸、酮、酚等。1996年，Horne和Williams研究了木屑流化床快速热解过程中热解温度对生物油产量的影响，他们发现在673～823K，生物油是低黏度和富氧的，在生物油中碳水化合物的含量较低，含氧的极性化合物是主要成分，在773～823K时取得最高产率。Onay和Kockar（2003）在比较油菜籽在各种反应条件下的热解产物时，在终温为823～873K时获得最大的生物油产率（73%）。Yu等（1997）在自由沉降反应器上研究了木材生物质热解过程中温度对生物油形成的影响，他们发现生物油中酚类化合物总量随着温度的升高（从973K到1173K）而降低，而多环芳香化合物却增加。Li等（2004）在自由沉降炉中研究了温度对豆秆和杏核的快速热解（773～1073K）的热解产物特性的影响，在热解温度为1073K时，约80%的豆秆转化为富含氢气的气体，而杏核也有一半以上以不可冷凝气体的可燃气存在，其中CO和H_2的量分别占豆秆和杏核热解气体总产量的65.4%和55.7%；同时，也可以得出在热解温度高于500℃时，H_2和CO的量随着热解温度的升高而快速增加，而CO_2的量却迅速减小，碳氢化合物CH_4、C_2H_4和C_2H_6的量也略有增加。Zanzi等（2002）在1073K和1273K研究农业废弃物的快速裂解时也证实了上述结论。

2. 物料粒径

粒径的改变将影响物料颗粒的升温速率乃至挥发分的析出速率，从而改变生物质的热解行为。粒径过大的物料可能会在内部未达到适合温度时就已脱离反应装置，使物料内部不能充分热解，影响生物油的产量。颗粒粒径的增大影响生物质颗粒内的温度分布，进而影响生物质的热解（Beis et al.，2002；Encinar et al.，1998）。Maschio等研究了颗粒粒径对生物质热解特性的影响。研究表明，对于粒径小于1mm的生物质颗粒，热解过程主要受内在化学动力学速率控制，此时可忽略颗粒内部热质传递的影响，而当粒径增大和反应温度增加时，热解过程同时受传热传质和化学反应动力学控制。粒径范围＜250μm时，热解产物的失重量和峰值温度随粒度的变化不很明显。所用颗粒粒径均小于1mm，因而热解特性受粒径影响较小。

对于快速热解来说，大颗粒物料传热能力比小颗粒差，颗粒内部升温较慢，大颗粒物料在低温区的停留时间较长，使得炭和气体的产率增大，而生物油产率下降（Beaumont and Schwob，1984；Encinar et al.，1996；Babu and Chaurasia，2004）。Li等（2004）研究了颗粒粒径（＜2mm）对热解气体的影响，颗粒粒径越小，氢气和 CO 所占总气体的比例就越多，并且氢气与 CO 的比例就越大。Zanzi 等（2002）在研究农业废弃物的快速裂解时也得到相同的结论，小颗粒样品的 H_2 产量较高，而 CO 的量相对较低，CH_4 的量也有大幅度减少，可燃气体的总产量大幅度增加，炭的产量随之显著减少。对于慢速热解，物料粒径对物料的热解特性无明显影响（Beaumont and Schwob，1984）。

3. 升温速率

升温速率是影响生物油产率的又一重要参数。低的升温速率会增加二次反应发生的概率，因此生物质颗粒很容易被炭化，使产物中炭的产量大大增加，同时产生一定量的副产品。要获得高产量液态生物燃油，就必须提高升温速率。升温速率增加，样品颗粒达到热解所需温度的时间变短，有利于热解，从而降低二次反应发生的概率。但是，升温速率的增加使颗粒内外的温差变大，颗粒外层的热解气来不及扩散，有可能影响内部热解的进行。

生物质在生成一次产物的热解过程中，炭生成的活化能最小，在较低温度下容易形成炭，而生成气体和生物油的活化能相对要高，所以高温有利于生物油和气体的生成。从动力学的角度看，提高升温速率使得颗粒内部、外部迅速达到预定的热解温度，缩短颗粒在低温阶段的停留时间，从而降低炭生成概率（杜洪双等，2007）。气体和生物油的产率在很大程度上取决于挥发分生成的一次反应和生物油的二次裂解反应的竞争结果。在中温（773～873K）和快速冷凝条件下，快速升温（10^4℃·s^{-1}）有助于生物油的增加。在高温下，大的升温速率使物料热解迅速，挥发分释放集中，从而增加炭的孔表面积（Li et al.，2004）。

4. 气相滞留时间

生物质的热解过程受多种因素综合作用。物料进入热解反应器之后，将被逐渐加热到热解反应器的温度水平，且该非稳态的升温过程需要一定的时间。随时间增加，物料温度越来越高，其热解过程也就进行得越深入，同时固体颗粒因化学键断裂而分解成可冷凝气体、不可冷凝气体和炭。可冷凝气体在反应器中与炙热的炭和生物油接触发生二次反应，生成部分不可冷凝气体。为使生物质能充分转化，合理的滞留时间是至关重要的。为了获得最大生物油产量，应缩短气相滞留时间，使挥发产物迅速离开反应器，减少生物油二次裂解的概率；相反，如果要获得较高的炭产量，应尽量延长气相滞留时间，将挥发产物保留在反应器内。

Beaumont 和 Schwob（1984）在低温（623K）研究了从几秒到 1min 的停留时间对热解产物的影响，发现炭、生物油和气体的总量没有明显变化，但是水的量随着气相滞留时间延长而有显著增加，不稳定的有机物也会发生二次裂解生成气体产物。Chen 等（2003a）认为气相滞留时间的增加导致二次反应彻底，从而引起气体产物增加，并且当停留时间为 2～3s 时，气体的产量增加比较明显，因此他们认为大部分生物油的高温热解（1073K）在 2～3s 完成，再延长停留时间对生物油裂解没有意义。一般来说，生物质的高温热解的气体停留时间在 1 秒到几秒，气体产量随着停留时间延长而增多（Demirbas and Arin，2002；Zanzi et al.，2002；Rapagna et al.，1992）。

5. 热解压力

压力的大小将影响气相滞留时间，从而影响二次裂解，最终影响热裂解产物产量分布。较高的压力下，挥发产物的滞留时间增加，二次裂解较严重；而在低的压力下，挥发物可以迅速地从颗粒表面离开，从而限制了二次裂解的发生，增加了生物油产率。

6. 原料组成

纤维素、半纤维素和木质素三种成分在各生物质原料中所占比重存在很大差异，生物质中各成分的含量及其特征对热解产物比例的影响较大（杜洪双等，2007）。这种影响相当复杂，与热解温度、压力、升温速率等外部特性共同作用，在不同水平和程度上影响着热解过程。由于木质素较纤维素和半纤维素难分解，因而通常含木质素多者炭产量较大；而半纤维素多者，炭产量较小。在生物质构成中，以木质素热解所得到的液态产物热值为最大；气体产物中以木聚糖热解所得到的气体热值为最大。

生物质中通常含有 70%～90%的挥发分，挥发分含量是影响其热解产物分布的决定性因素，挥发分越高炭的产率就越低。当物料中的 H/C 原子比较高时挥发性产物主要以燃气的形式存在，即燃气的量较大；当 O/C 原子比较高时，挥发性产物主要以生物油的形式存在（Demirbas and Arin，2002）。

生物质中的水分影响生物质热解，生物质中的水分一方面吸收大量热量，降低了生物质的升温速率，使物料的热解温度降低；另一方面，水分参与热解反应，两方面作用的结果是：随着水分的增加，水蒸气的释放量相应增加，炭的产量增加，而有机液体如甲醇、蚁酸、丙酸等和液体焦油的产率降低（Beaumont and Schwob，1984）。然而，Demirbas（2004）研究生物质水分对生物油的影响时，发现生物油的总产量（无水）随着生物质含水量的增加而有所提高。

生物质中灰分的存在对于热解特性和产物分配都有强烈影响，灰分中含有碳酸盐等，这些化合物起着催化剂的作用，硅是农林废弃物灰分中最主要成分，不起催化作用，但它改变了炭的热化学成分和多孔结构，降低了生物质的反应活性，因而一般情况下，脱灰增加挥发产物，提高最初热解温度和热解速率，提高液体产量，降低气体产量，同时优化生物油和炭的性质。

1.3.4 生物质快速热解设备

几十年来，世界各国相继开发出多种快速热解设备。比较有代表性的有以下几种。

1. 气流床热解设备

气流床热解设备由美国佐治亚技术研究院开发。0.30～0.42mm 的木屑被燃烧后的烟道气挟带进入一直管，热解所需热量由载流气（即烟道气）提供。由于载流气温度太高会增加气体产率，所以将其进口温度控制为 1018K，同时采用较大的载流气用量(其和生物质的质量比约为8∶1)。反应器直径为150mm，高为4.4m，停留时间为 1～2s。这是因为要使一定尺度的粒子热解完全，需让其有足够的停留时间；而对热解蒸气来说，过长的停留时间又会发生二次反应，降低液体产品的收率。实验中所得液相产物的收率（不含水）为 58%，焦炭产率为 12%。总的液体产品中有一半是水，它包括燃烧时进入烟道气的水、热解中生成的水和原料中固有的水。

2. 流化床热解设备

流化床热解设备以加拿大滑铁卢大学的工艺为代表。反应器为圆柱形，内以细沙粒为流化介质，热解所需热量通过预热流化气提供。流化气和把生物质原料挟带进入床层的载流气都由热解中的气相产物承担。固体生物质进料流率为 1.5～3kg·h^{-1}，热解中生成的低密度炭粉被流化气带出床层，在旋风分离器内分离。气体产物经二级冷凝，第一级得沥青类产品，第二级得轻油。没有冷凝的气体一部分流出系统，另一部分循环回反应器作流化气和载流气。

3. 涡旋型热解设备

为了解决热解时原料粒子和产物蒸气对停留时间要求的矛盾，美国太阳能研究学会开发了专用于生物质快速热解的涡旋反应器。在该反应器内进料粒子在圆柱形的加热壁面上沿螺旋线滑行，粒子和壁面间的滑动接触产生了极大的传热速率。已被部分热解的粒子沿切线方向离开反应器，它们和新进料粒子混合后返回载流气的进口喷嘴处，开始了又一轮循环。所用载流气为氮气，其和进料生物质的质量比为 1～1.5。

4. 真空快速热解设备

与其他几种常压操作的热解设备不同，加拿大拉瓦尔大学开发的多层真空热解磨反应器则是在 1kPa 的负压下操作的，反应原料由顶部加入，床顶层温度为 473K，底层温度为 673K，由于热解蒸气停留时间很短，大大减少了二次裂解，当木屑加入量为 30kg·h^{-1}时，液体产率为 65%。其缺点是需要大功率的真空泵，其价格高、能耗大、放大困难。

5. 其他类型

意大利替代能源研究院开发的部分燃烧热解装置的最大进料流量为 500kg·h^{-1}，德国图宾根大学开发的主要用于城市垃圾处理的低温热解装置的进料流量为 2000kg·h^{-1}。其他类型的热解反应器也在开发中，如荷兰特文特大学开发的旋转锥式（rotating cone）反应器，不需载流气，从而大大减少了装置的容积，但其设计和加工的难度较大，而且其操作过程受离心力的影响。

近年来，欧洲各国对来自生物质的生物油液体燃料的直接生产的研究越来越感兴趣。在西班牙，Union Fenosa 电力公司在 1993 年中期建立了基于加拿大滑铁卢大学热解技术的 200kg·h^{-1} 闪速热裂解试验台（Cuevas and Medina，1993）。在比利时，1991 年 7 月 Egemin 建立的自行设计的容量为 200kg·h^{-1} 的引射流反应器，在 1992 年投入使用（Maniatis et al.，1993）。在意大利，ENEL 购买了 Ensyn RTP3 的 625kg·h^{-1} 试验台用来制取生物油进行分析试验研究（Bridgewater et al.，1996）。

在北美，许多商业化和示范性的闪速热裂解试验台已经投入运行，有些试验台规模超过 2000kg·h^{-1}。加拿大 Ensyn 公司推行市场商业化的热裂解试验台，其进料量超过 10000kg·h^{-1}（Underwood，1992）。在美国，两个容量大约在 42kg·h^{-1} 的试验台已经很有规律地在运行（Smith et al.，1993）。

6. 我国设备的研发

我国在生物质快速热解液化技术方面也开展了一些研究工作。沈阳农业大学开展了国家科学技术委员会“八五”国家重点科技攻关项目“生物质热裂解液化技术”的研究工作，并与荷兰特文特大学进行了广泛的合作，1995 年引进一套规模为 10kg·h^{-1} 的装置（刘荣厚等，1999；徐保江等，1999a，1999b）。浙江大学、中国科学院化工冶金研究所、河北省环境科学研究院等单位也进行了生物质流化床液化实验。山东工程学院开发了等离子体快速加热生物质液化技术，1999 年 6 月首次在国内利用实验室设备液化玉米秸粉，制出了生物油，并进行了成分分析（易维明等，2000）。上海理工大学设计了一套小型旋转锥式闪速热解液化系统，并以松木屑为例详细说明了其热解液化生产生物油的过程和相关工艺参数（曾忠，2002）。浙江大学研制了以流化床反应器为主体的可连续运行的生物质热裂解制取液体燃料系统，成功地制取出了产率高达 60%的生物油（廖艳芬等，2002）。东北林业大学自行研制的旋转锥式反应器，采用内加热和壁加热相结合的加热方式，热载体在保温层的保护下进行外循环，并且在反应器周围都进行了保温处理。

综合比较，流化床热解技术以其允许原料尺寸和质量发生变化，高的传热、传质速率以及良好的固相混合，使得反应速率高，床中温度大致可保持恒定（Bridgwater，1995），操作方便，投资少，不需要复杂的传动机构，动力消耗小，生产容易实现，连续进料，为国内外研究者所重视。

1.4　生物油制备酚醛树脂研究

近年来，国内外可再生资源胶黏剂的研究开发十分活跃，新技术、新工艺不断面世。但在世界范围内可再生资源胶黏剂的大规模应用仍处于初级阶段。目前只有单宁胶相对应用较多，木素胶黏剂和蛋白质胶黏剂应用得还较少，国内对于利用生物油制备酚醛树脂的研究更加少见。

快速热解生物油组成的大量分析表明，其中含有 200 多种有机物，生物油中含有大量的酚类物质，如苯酚、甲酚、邻苯二酚、愈创木酚和邻苯三酚，其是替代价格较高的石化产品苯酚制备酚醛树脂胶的优质原料。

美国和加拿大对利用快速热解方法得到的生物油制备胶黏剂进行了较多研究，已经成功利用生物油替代 30%～50%苯酚，来制备酚醛树脂胶。制成的生物油酚醛树脂胶用于压制 OSB，其可达到加拿大国家标准。生物油胶黏剂已在美国、加拿大等国家的一些人造板企业开始工业化应用。

早期树皮生物油制胶黏剂时，首先将其用蒸馏和溶剂抽提的方式进行成分分离，然而分离组分制出的胶黏剂机械强度很低。Wang 等曾采用苯酚与锯末热解油中性产物生产胶合板用酚醛树脂，结果表明，过高的苯酚替代率将导致固化时间的延长，同时也发现增加 F/P 比值可提高防水性能。Himmelblau 和 Grozdits（1999）采用阔叶材（枫木、桦木、榉木）混合热解产物制胶黏剂，其苯酚替代率可达 50%。实验结果表明，树脂黏度为 1320～6100cP，pH 值为 9.5～11.7，热压时间为 3～6min，用胶量为 $0.224kg·m^{-2}$，压力为 1.22MPa，温度为 177℃时，胶合板的剪切强度为 1.4～2.0MPa，水煮后剪切强度为 1.0MPa。用桉木生物油替代苯酚制作胶合板用胶黏剂进行了试验，所采用的替代率分别为 25%、50%、75%，F/P 为 1～1.2，NaOH/P 为 0.3～0.5，结果是：树脂 pH 值为 11～12，黏度为 1000～2500cP。热压条件为 1.2MPa，160℃，热压时间分别为 2min、2.5min、3.5min、6min，苯酚替代率为 50%，F/P 为 1.0～1.2，NaOH/P 为 0.5 时，所得板材剪切强度与普通商业树脂无异。但当替代率为 75%时，其强度迅速下降为普通树脂的 1/3。Chen 等采用针叶材生物油生产酚醛树脂，苯酚替代率分别为 25%和 50%，F/P 值为 2.25、2.00、1.75。发现替代率为 25%时，其可用于表层树脂，且质量与普通树脂相同，并且实验室生物油与工业生物油并无区别。替代率为50%时，则抗水性能下降。

国内对木材和木质植物化学液化后得到的生物油制造木材胶黏剂进行了一些探索。南京林业大学采用苯酚硫酸法，利用花生壳全壳制胶；福建农林大学采用碱处理经与线性酚醛树脂合成使花生壳得到全壳利用；福建农林大学还采用上述类似工艺对马尾松树皮、杉木树皮进行100%利用，据介绍，所得胶黏剂均能用于Ⅰ类胶合板生产；北华大学利用松树皮采用酸性条件在低温下改性后，100%用于胶黏剂的制备。但是截至目前，其还没有进行工业化应用，究其原因还是液化产物的活性较低，因此提高生物质液化产物的活性是生物质胶黏剂生产工业化的重要环节。传统热解液化和化学液化法得到的液化产物活性低，制约了生物质胶黏剂工业化的实现。开展快速热解技术的研究，提高生物质液化产品活性，是木材工业实现生物质胶黏剂工业化生产的唯一途径。

对木屑、树皮等木材剩余物快速热解生物油研究的目的之一就是利用热解油部分代替苯酚。该方法与已有的单宁、木质素胶黏剂的制备相比省略了提取单宁、木质素的工序，能使木屑、树皮直接完全利用。它具有生产工艺简单、原料易得、产品成本低、使用方便、安全、胶合强度高、耐水性能好的特点。此项技术一旦得到推广，树皮等木材剩余物将不再是废弃物，将成为造福人类的宝贵资源。

1.5 研究的目的和意义

综上所述，几十年来，虽然欧美等发达国家和地区在生物质快速裂解的工业化方面研究较多，但生物质快速热解液化理论研究始终严重滞后，在很大程度上制约了该技术的提高与发展。在生物质热解模型研究方面，目前国内外对其主要组分纤维素的热解模型已进行了较深入的研究，并取得许多研究成果。但对其他主要组分半纤维素和木质素热解模型的研究还十分欠缺，对其过程模型还缺乏深入的认识，现有的各种简化热解动力学模型还远未能全面描述热解过程中各种产物的生成，离指导工程实际应用还有相当的距离。这是由于生物质本身的组成、结构和性质非常复杂，而生物质的快速热解更是一个异常复杂的反应过程，涉及许多物理与化学过程及其相互影响。因此，建立一个比较完善和合理的物理、数学模型来定性、定量地描述生物质的快速热解过程，将是未来热解液化机理研究的主要目标。另外，许多研究主要集中在提高快速热解生物油产率的研究方面，然而在生物油产业化和高效利用方面研究甚少。国内在生物质快速热解液化技术方面研究进展较慢，主要是因为研究以单项技术为主，缺乏系统性。

在已有的国内外研究的基础上，开展产业化特征快速热解系列化研究，主要目的是为林木生物质快速热解技术产业化及生物油的高效利用提供理论基础和实践依据。

快速热解以生物油产率和活性高、生产周期短、生产过程易连续化等优点被普遍认为是当今最有前途、发展最快的木材剩余物高效利用方法之一。快速加热生物油中含有大量的酚类物质及其他的化工组分，不但可以用作清洁燃料，更可以作为各种附加值相对较高的化工原料的替代品，其中用生物油替代部分苯酚制酚醛树脂胶不但可以减少对于石化下游产品苯酚的依赖，还有利于减少酚醛树脂胶对环境的污染。

1.6　主要研究内容

（1）从整个产业链的角度，对快速热解机理、工艺、热解设备、生物油性能及利用等关键问题进行多方位系统的研究，从理论和实践上探索快速热解技术工业化的可行性和经济性，提出快速热解工艺及下游产品的产业化模式，为林木生物质资源的合理、高效利用开辟新的途径。

（2）利用热重等现代分析手段研究落叶松木材热解特性，全面探索升温速率、物料粒径、含水率等因素对落叶松木材热解特征温度和转化率的影响规律，建立落叶松木材热解动力学模型，确定描述落叶松木材热解过程的机理函数。为快速热解系统的设计、落叶松木材快速热解动力学研究提供基本理论依据。

（3）研制进料量为 $25kg\cdot h^{-1}$ 的喷动循环流化床新型快速热解系统，通过对系统的冷态、热态流化特性的实验研究，确定反应器的流体力学特性，为后续实验提供基础数据。

（4）研究热解工艺参数（温度、流化气体流量、进料量和物料颗粒粒径）对落叶松树皮热解产物产率的影响规律，确定木材快速热解的反应途径，建立各热解产物的反应动力学模型，实验确定各动力学参数，利用模型对快速热解产物不凝气体和生物油的转化率进行理论预测，通过实验验证动力学方程的准确性。

（5）以生物油产率、生物油中酚类物质含量和活性、生物油酚醛树脂质量及胶合板强度为目标，采用正交实验设计方法，通过考察影响因素的显著性，探索热解温度、含水率、原料粒径等因素对快速热解生物油转化率的影响规律，确定最佳快速热解工艺。

（6）利用现代分析手段考察落叶松木材快速热解生物油组分及含量，着重探索不同工况和工艺参数对生物油组分和酚类物质含量影响的显著程度；在相同工艺条件下，探索树皮和实木二者的热解生物油组分及含量的差异，探索树皮-实木混合比和含水率对热解生物油组分及含量的影响规律。以此为合理制定热解工艺、确定原料状态提供科学依据。

（7）利用现代分析手段考察热解炭的结构特征和性能，分析热解温度对热解炭的影响程度，为热解炭的利用提供参考。

（8）分析生物油生产成本和经济效益，考察所研制的新型快速热解系统以及提出的落叶松快速热解技术和工艺的可行性和合理性，为研究成果的推广应用提供依据。

第2章 落叶松木材热解动力学

通过对落叶松木材的热重分析，研究影响落叶松木材热解特性的因素，重点研究升温速率、含水率、粒径和物料四个因素对热解特性及热解动力学参数的影响，从而获得落叶松木材热失重规律、热解温度范围、热解表观活化能，建立其热解动力学方程，为快速热解系统的设计、落叶松木材热解机理研究和优化快速热解工艺提供理论基础和设计依据。

热重分析通常分为两个范畴，一个是对热重曲线进行拟合，从中寻找一些热解规律，从而获得动力学参数；另一个则偏向于分析热重条件对热解结果的影响，通过不同气氛、粒径、质量和其他条件下的热解动力学分析，研究热失重过程中的传热传质限制对动力学的影响，从而为机理研究提供理论参考。

本章采用对热重曲线进行拟合的方法，获得动力学参数，建立落叶松木材热解动力学方程。同时研究落叶松木材粒径、含水率和升温速率对热解特性的影响。

2.1 落叶松木材的工业组成、元素组成和化学组成

木材的工业分析主要是确定其水分、挥发分、固定炭和灰分的含量；元素分析主要是确定其氮、碳、氢、氧的含量；化学分析主要是确定其纤维素、半纤维素、木质素和抽提物含量。

研究表明：热解过程中，木材的工业组成、元素组成和化学组成的不同将会导致其热解产物的分布及其成分会有很大的差异，因此，木材的工业分析、元素分析和化学分析是研究木材快速热解的基础，对于确定热解工艺参数和热解动力学参数、深入认识热解机理有着重要作用，可为落叶松树皮和实木热化学转化的研究提供基础数据。

2.1.1 实验

1. *原料种类和尺寸*

原料分别为兴安落叶松（*Larix gmelinii*）树皮和实木，粒径均为0.25～0.38mm。产地为内蒙古大兴安岭北麓。树龄：40年。

2. 测试仪器和方法

（1）工业分析。仪器为马弗炉、天平，按照《木炭和木炭试验方法》（GB/T 17664—1999）进行。

（2）元素分析。仪器为Elementar Vario EL元素分析仪，按照《岩石有机质中碳、氢、氧元素分析方法》（GB/T 19143—2003）进行。元素C、H、N的测试条件：载气为He，氧化炉温度为1223K，还原炉温度为723K；元素O的测试条件：载气为N_2/H_2，裂解温度为1413K。

（3）化学分析。仪器为索氏抽提器、水浴锅、烘箱、坩埚、称量瓶、抽滤瓶、回流冷凝装置、100mL和2000mL锥形瓶、电热套以及精密密度计。木粉制备参照GB 2677.1—1993，木质素制备参照GB 2677.8—1994，α-纤维素提取参照GB/T 744—2004。

3. 实验地点

工业分析和化学分析在北京林业大学化工实验室，元素分析在中国石油勘探开发研究院实验研究中心。

2.1.2　结果与讨论

落叶松树皮及实木工业组成见表2.1，元素组成见表2.2，化学组成见表2.3。

表2.1　落叶松木材工业组成

物料	M_{ad}/%	A_{ad}/%	V_{ad}/%	Fc_{ad}/%	A_d/%	V_d/%	Fc_d/%
落叶松树皮	10.30	2.80	78.11	8.79	3.12	87.08	9.80
落叶松实木	7.55	1.50	72.38	18.57	1.62	78.29	20.09

注：*M*代表水分；*A*代表灰分；*V*代表挥发分；*Fc*代表固定炭；ad代表空气干燥基；d代表无水基。

表2.2　落叶松木材元素组成

物料	N_{ad}/%	C_{ad}/%	H_{ad}/%	O_{ad}/%
落叶松树皮	0.49	51.90	5.75	37.44
落叶松实木	0.45	49.05	6.28	41.08

注：ad代表空气干燥基。

表2.3　落叶松木材化学组成

样品	苯醇抽提物含量/%	木质素含量/%	纤维素含量/%	半纤维素含量/%
落叶松树皮	13.58	50.90	27.70	7.80
落叶松实木	8.63	24.15	40.6	26.60

从表 2.1 看出落叶松树皮的无水挥发分和灰分都大于实木，灰分近似是落叶松实木的 2 倍，而固定炭的含量小于实木。表 2.2 的元素分析中，落叶松树皮的 H/C 为 0.1108，实木的 H/C 为 0.1280；落叶松树皮的 O/C 为 0.7214，实木的 O/C 为 0.8375。落叶松树皮和实木的 H/C 很接近，而实木的 O/C 大于落叶松树皮，说明热解过程中落叶松实木生物油的产率有高于落叶松树皮的可能。由表 2.3 中数据看出落叶松实木的综纤维素含量高于树皮，而落叶松树皮的木质素含量高于实木，说明在热解过程中实木生物油产率要高于落叶松树皮，而落叶松树皮生物油中酚类含量要高于实木（杜洪双等，2007）。

2.2　热解动力学理论

2.2.1　化学反应动力学

化学反应动力学是研究化学运动（化学反应）的发生、发展和消亡的科学，从这个意义上讲，化学反应动力学更恰当地说是动态化学，从量上说就是研究反应的速率，从质上说就是研究反应的机理（臧雅茹，1995）。

化学反应动力学的研究对象包括以下三个方面：化学反应进行的条件（温度、压力、浓度及介质等）对化学反应速率的影响；化学反应的历程（又称机理）；物质的结构与化学反应能力之间的关系。在对化学反应进行动力学研究时，总是从动态的观点出发，由宏观的、唯象的研究进而到微观的分子水平的研究，因而将化学反应动力学区分为宏观动力学和微观动力学两个领域，但二者并非互不相关，而是相辅相成的（许越，2004）。

反应速率方程是浓度或反应进度（单位体积）对时间的微分方程，可以通过积分得到各组元浓度或反应进度对时间依赖的函数关系，这种关系可称为反应动力学方程。

2.2.2　热解动力学

最初，化学反应动力学的基本理论是建立在等温过程和均相反应基础之上的，最近几十年来，出现了许多将等温过程动力学理论推进到非等温过程、将均相反应的规律扩展到非均相反应的数学处理的研究（沈兴，1995）。

热解属于非均相的气-固反应，热解动力学属于化学反应动力学的研究范畴。固体材料的热解过程一般可以表示为下面的反应过程：

$$\text{A(固)} = \text{B(固)} + \text{C(气)}$$

一般定温非均相反应的动力学可以由以下方程来描述：

$$\frac{\mathrm{d}\alpha}{\mathrm{d}t}=k\cdot f(\alpha) \tag{2.1}$$

式中，α——相对失重或转化率，即反应物A转化成生成物的百分数，$\alpha=(m_0-m)/(m_0-m_\infty)$；$m$为到任意时刻固体的质量，下标0与∞分别代表反应初始与终止状态，即m_0为样品初始的质量，m_∞为样品反应终止的质量。计算反应速率常数用到的最终质量m_∞是随温度变化的参数，反应速率常数k可由阿伦尼乌斯方程表示：$k=A\cdot\exp(-E/RT)$。其中A为频率因子，A和k有相同的因次，可以认为是高温时k的极限；E有能量因次，称为反应实验活化能或阿伦尼乌斯活化能（activation energy）；R为摩尔气体常数（$8.314\times10^{-3}\mathrm{kJ\cdot mol^{-1}\cdot K^{-1}}$）；$T$为热力学温度。

阿伦尼乌斯定理的提出，基于以下出发点：反应体系中一般分子吸收能量后活化形成为数不多的活化分子。而反应速率与活化分子的浓度成正比，由于能量大于活化能的分子分数为$\exp(-E/RT)$，因而反应速率常数k与$\exp(-E/RT)$成正比，此比例常数即为A。

虽然A事实上不是一个常数，而是与温度有关的函数，但即使实验温度增大到500K，把它看作常数引起的误差也不会很大，但当温度继续增加，大到1000K以上就不能近似作为常数处理。

结合式（2.1），对于非等温（即以一定的升温速率加热反应体系）非均相体系常用热解动力学方程

$$\frac{\mathrm{d}\alpha}{f(\alpha)}=\frac{A}{\beta}\cdot\exp(-E/RT)\mathrm{d}T \tag{2.2}$$

式中，β——升温速率，$\beta=\mathrm{d}T/\mathrm{d}t$，$t$为反应时间。

对式（2.2）变形，有微分式

$$\frac{\mathrm{d}\alpha}{\mathrm{d}T}=\frac{A}{\beta}\cdot\exp(-E/RT)f(\alpha) \tag{2.3}$$

积分式

$$F(\alpha)=\frac{A}{\beta}\int_{T_0}^{T}\exp(-E/RT)\mathrm{d}T=\frac{AE}{\beta R}P(y) \tag{2.4}$$

式中，T_0——热解起始温度。

$$F(\alpha)=\int_0^{\alpha}\frac{\mathrm{d}\alpha}{f(\alpha)} \tag{2.5}$$

$P(y)$是温度积分：

$$P(y)=\int_{-\infty}^{y}-\frac{\exp(-y)}{y^2}\mathrm{d}y \tag{2.6}$$

式中，$y=E/RT$。$P(y)$在数学上无解，只能得近似解。

热解动力学研究的目的在于求解能描述某反应上述方程中的E和A并对其进行理论解释。对于生物质热解来说可能的热解机理是很多的（绪论中已阐述），函数$f(\alpha)$、$F(\alpha)$对应不同热解机理具有不同的形式。所以称$f(\alpha)$、$F(\alpha)$为热解机理函数，是描述不同热解机理的方程。其中$f(\alpha)$为微分机理函数，$F(\alpha)$为积分机理函数。机理函数$f(\alpha)$和$F(\alpha)$与温度T和时间t无关，只与热解转化率α有关。

长期以来，热分析动力学主要的分析方法是在同一升温速率下对热分析测得曲线上的数据点进行分析，通过动力学方程的微分形式或积分形式进行各种变换，最后得到不同形式的线性方程。然后尝试将各种动力学机理函数的微分式$f(\alpha)$或者积分式$F(\alpha)$代入，从所得直线的斜率和截距中求出E和A；而在代入方程计算时，能使方程获得最佳线性者即为最可能的机理函数。根据所采用动力学方程的具体形式而将这些方法分为微分法和积分法两大类。这两种方法各有其利弊：微分法不涉及难解的温度积分的误差，但热重法中通过数值方法计算得到的DTG曲线影响因素复杂，Vachuska和Voboril（1971）在论文中详细讨论了DTG曲线的算法问题；积分法的问题则是式（2.6）在数学上无解析解及由此提出的种种近似方法的误差（Coast and Redfern，1964；Lee and Beck，1984；Agrawa，1987）。

2.3 落叶松木材热重分析

2.3.1 实验

1. 原料种类和尺寸

实验采用的样品是出自内蒙古大兴安岭北麓的兴安落叶松木材，树龄为40年，分树皮及实木两部分，物料粒径（d）分别为：0.2～0.3mm、0.3～0.45mm和0.45～0.9mm三个粒径范围。含水率（W）为：5%、15%、25%、35%。

2. 测试仪器和方法

仪器为岛津公司DTG-60A差热热重分析仪，能同时测出TG和DTA曲线，其在程序控制温度操作条件下，可调温度范围是室温～1373K。

热重分析（thermogravimetry，TG）是指在程序控制温度下测量物质的质量变化与温度关系的一种技术，通常又为热重法，测得的记录曲线称为热重曲线（TG 曲线），其纵坐标为试样的质量，横坐标为试样的温度或时间。

微商热重法（derivative thermogravimetry，DTG）是在热重法基础上略加变动和控制而发展起来的。微商热重法是指在程序控制温度下测量物质质量变化速率与温度之间关系的技术。与 TG 曲线比较，在某些场合 DTG 曲线能更清楚地显示出试样质量随温度变化的情况。

在 DTG 曲线上的峰对应于 TG 曲线中的失重台阶，而且各个峰面积的大小正比于相应失重阶段所发生的质量变化，峰顶温度表示最大失重速率所处的温度。DTG 曲线在反应动力学分析中，不仅为数据处理带来了方便，而且还避免了由 TG 曲线采集数据计算转变率时，由于相近数据差值精度较低而引入的计算误差。

整个实验过程中采用程序控制的持续线性升温，相应的升温速率（β）选取：$10K \cdot min^{-1}$、$20K \cdot min^{-1}$、$30K \cdot min^{-1}$、$50K \cdot min^{-1}$，根据不同升温速率原料在 303～873K 温度范围内进行动态升温试验。试验采用载气纯度为 99.99%的高纯度氮气，流量始终稳定在 $30mL \cdot min^{-1}$，以保持炉内惰性气氛，保证试验样品处在完全的隔氧热解状态中，同时能及时将热裂解生成的挥发性产物带离样品，减少二次反应对试样瞬时质量带来的影响。采用的参比物是 $\alpha\text{-}Al_2O_3$，样品池的材料是 $\alpha\text{-}Al_2O_3$，实验过程中，样品在开盖的样品池中。采用的试样量都控制在 5mg 以内。

2.3.2　结果与讨论

1. 落叶松树皮热解

通过实验确定落叶松树皮在非等温热解过程中的几个特征区域，如图 2.1 和图 2.2 所示。

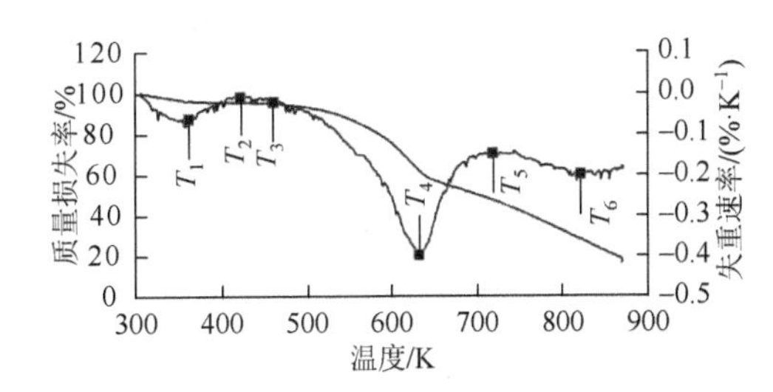

图 2.1　落叶松树皮热解 TG 和 DTG 曲线

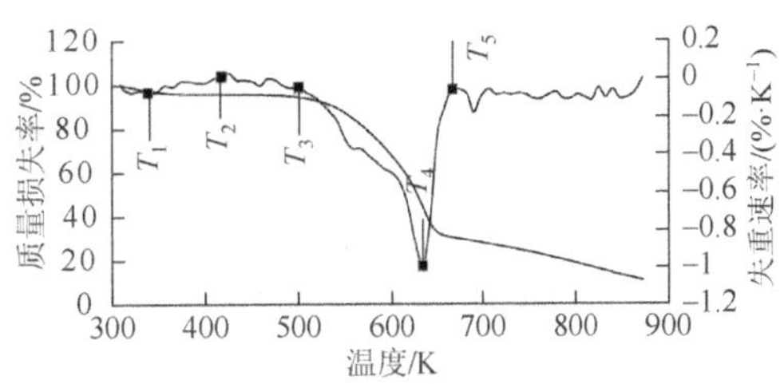

图 2.2　落叶松实木热解 TG 和 DTG 曲线

图 2.1 和图 2.2 是在粒径 $d=0.2\sim0.3\text{mm}$、含水率 $W=15\%$、升温速率 $\beta=10\text{K}\cdot\text{min}^{-1}$ 条件下，落叶松木材热解的 TG 曲线和 DTG 曲线。

由图看出落叶松树皮在给定的升温速率下，随着原料温度的升高，落叶松树皮热解经历了几个不同阶段，在图上主要分为六个区域（图 2.1）。第一区域是从室温开始到 T_1 的部分。在该区域中落叶松树皮温度升高且有失重，失重速率减速增加，最后到 T_1 时达到最大值。这个过程对应于落叶松树皮水分的解吸附或其中一些蜡质成分的软化和熔解，同时也伴随着少量的落叶松树皮中低沸点的挥发物的析出；第二区域是温度从 T_1 到 T_2，失重速率由 T_1 开始减小，直到温度达到 T_2 时开始不变。这个阶段是落叶松树皮中水分失去后大量低沸点落叶松树皮挥发物的析出过程；第三区域是 T_2 到 T_3 失重速率基本不变的区间，其间发生微量的失重，这是落叶松树皮中纤维素发生解聚及玻璃化转变现象的一个缓慢过程（小阿瑟，1983），这个阶段持续时间很短，几乎没有平台，主要是由于落叶松树皮中水分作用和落叶松树皮是纤维素、半纤维素和木质素及少量抽提物的混合物，这些物质的热解温度区间相近；第四区域是 T_3 到 T_4，失重速率由 T_3 又开始呈加速度增加，且增加的幅度很大，直到达到温度 T_4 突然开始减少，这个阶段主要是大量的落叶松树皮中纤维素、半纤维素及木质素热裂解区间，其间产生的小分子气体和大分子的可冷凝挥发分造成明显的失重，并在 T_4 时失重速率达到最大值，此阶段吸收的热量是整体反应的主要部分，在 T_4 失重速率突然减小说明在此温度下落叶松树皮热裂解反应剧烈，很快消耗掉大量的落叶松树皮中能裂解的物质；第五区域是 T_4 到 T_5 区间，T_4 到 T_5 失重速率减小且减小的幅度很大。这个阶段主要是落叶松树皮中的主要物质热解反应到最后完成的过程，使落叶松树皮颗粒内部没有完全热裂解的物质进一步完成热裂解反应，形成大量的炭；第六区域是 T_5 到 T_6 区间，其间失重速率再一次增加，这个阶段是炭中的残留物质的缓慢分解且使炭形成多孔隙的过程，致使失重速率再一次增加。

图 2.2 是落叶松实木的 TG-DTG 曲线，整个热解过程可分为六个区域，前五个区域与落叶松树皮热解失重规律基本相同，第六个区域是温度 T_5 到热解结束的区间，这个区间的 DTG 线基本上为一平台，且 DTG 值接近零，说明此区间落叶松实木等速失重，而落叶松树皮基本没有这个平台区。这个区域主要是炭中的残留物质的缓慢分解且使炭形成多孔隙的过程。

2. 升温速率对热解特性的影响

考察升温速率对落叶松木材热解过程中特征温度、热解转化率和吸放热的影响，实验结果见图 2.3～图 2.7。

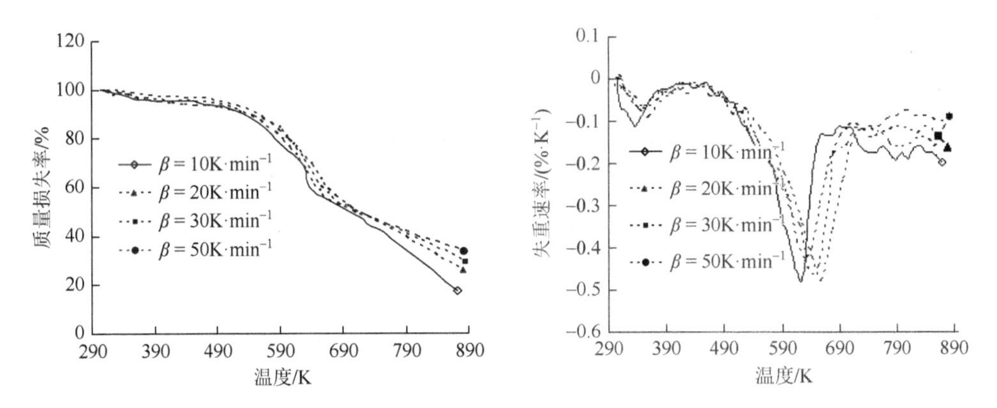

图 2.3 不同升温速率下落叶松树皮的 TG 曲线　图 2.4 不同升温速率下落叶松树皮 DTG 曲线

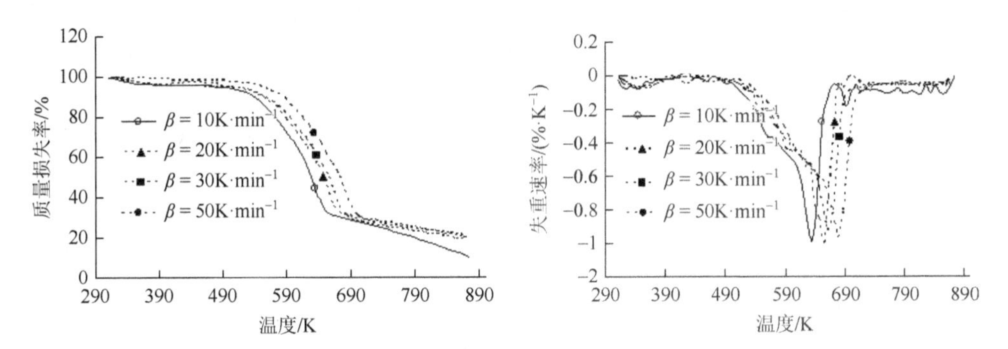

图 2.5 不同升温速率下落叶松实木 TG 曲线　图 2.6 不同升温速率下落叶松实木 DTG 曲线

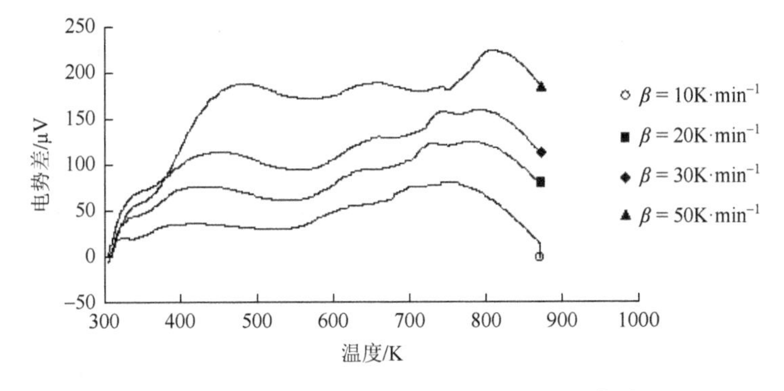

图 2.7 不同升温速率下落叶松树皮 DTA 曲线

图 2.3、图 2.4、图 2.5 和图 2.6 是在粒径 $d = 0.2$～0.3mm、含水率 $W = 15\%$，不同升温速率条件下，落叶松木材的 TG 曲线和 DTG 曲线。图 2.7 是不同升温速率下落叶松树皮 DTA 曲线。

由图 2.3～图 2.6 看出在不同的升温速率下，落叶松树皮及实木热解的 TG 曲线和 DTG 曲线反映出了一致的变化趋势，即随着升温速率的增加，各曲线的起始热解温度 T_3 和终止热解温度 T_5 向高温侧轻微移动，T_3 增加的幅度小于 T_5 增加的幅度。并且主反应温度区间也增加。分析落叶松树皮试样的 DTA 曲线（图 2.7）可以发现，随着升温速率的增加，落叶松树皮热解反应达到最大吸热量的温度也延迟，$50K \cdot min^{-1}$ 的升温速率下的反应比 $10K \cdot min^{-1}$ 下的延迟了 53K 左右。这是因为达到相同的温度，升温速率越高，试样经历的反应时间越短。同时升温速率影响测点与试样、试样外层与内部间的传热温差和温度梯度，从而导致传热滞后现象加重，致使曲线向高温侧移动（Antal and Varhegyi，1995）。在 DTA 曲线上可以看到，升温速率越大，参比物 $\alpha\text{-}Al_2O_3$ 与样品的温度差越大、峰面积越大、峰形越尖锐。这是因为试样在单位时间内发生转变和反应的量随升温速率增大而增加，从而使焓变速率增加，由于 DTA 曲线从峰值返回基线的温度是由时间和试样与参比物之间的温度差决定的，所以升温速率增加，曲线返回基线时或热效应结束时的温度均向高温方向移动。

由 DTG 曲线可以看出，落叶松树皮在 410K 以前、实木在 420K 以前，失重较微弱，主要是落叶松树皮和实木中水分蒸发过程。落叶松树皮在 460～720K 之间、实木在 500～700K 之间，失重比较明显，是落叶松树皮和实木热解的主要阶段。800K 以后失重比较微弱，是残留物的缓慢热解阶段。

由表 2.4 看出升温速率不同，DTG 峰值在–0.42～–0.481%·K^{-1} 之间变化，且随升温速率的增加 DTG 峰值的绝对值基本呈增加趋势，即转化速率最大值随升温速率增加呈增大趋势；T_3 时刻的 TG 在 93.90%～95.79%之间（根据其值可以近似认为落叶松树皮才开始热解），随升温速率的增加基本呈增加趋势；T_4 时刻的 TG 值在 66.04%～71.27%之间变化，随升温速率的增加而增加；T_5 时刻的 TG 值在 48.95%～56.35%变化，随升温速率的增加而增加。这说明升温速率增加，热解转化率减小。

表 2.4　落叶松树皮颗粒不同条件下的特征值

实验条件		干燥阶段		热解主要阶段			碳化阶段	DTG 峰值 /(%·K^{-1})	T_3 时 TG/%	T_4 时 TG/%	T_5 时 TG/%
		T_1/K	T_2/K	T_3/K	T_4/K	T_5/K	T_5 以上/K				
升温速率 $\beta/(K \cdot min^{-1})$ ($d = 0.2～0.3mm$, $W = 15\%$)	10	40	72	33	22	56	656～873	–0.481	94.65	66.04	48.95
	20	47	15	47	31	75	675～873	–0.420	95.78	66.52	53.35
	30	36	07	60	22	93	693～873	–0.463	95.79	66.90	54.47
	50	63	01	78	50	20	720～873	–0.478	93.90	71.27	56.35
粒径 d/mm ($\beta = 30K \cdot min^{-1}$, $W = 25\%$)	0.2～0.3	351	408	473	641	707	707～873	–0.453	95.08	66.14	50.59
	0.3～0.45	347	384	470	642	707	707～873	–0.438	95.93	66.82	51.84
	0.45～0.9	354	422	482	643	697	697～873	–0.416	94.69	68.13	55.89

续表

实验条件		干燥阶段		热解主要阶段			碳化阶段	DTG 峰值/(%·K^{-1})	T_3时TG/%	T_4时TG/%	T_5时TG/%
		T_1/K	T_2/K	T_3/K	T_4/K	T_5/K	T_5以上/K				
含水率 W/% (d=0.3～0.45mm, β=20K·min^{-1})	5	347	413	435	650	669	669～873	−0.402	95.24	61.55	52.67
	15	337	392	446	629	697	697～873	−0.417	95.65	66.04	52.12
	25	338	393	425	629	707	707～873	−0.432	94.54	67.49	51.62
	35	347	413	424	639	687	687～873	−0.443	95.88	68.92	51.27

由表 2.5 看出升温速率对落叶松实木 TG 值和 DTG 值的影响。升温速率不同，DTG 峰值为−0.930～−1.000%·K^{-1}，T_3时刻的 TG 值在 94.00%～96.86%之间变化，T_4时刻的 TG 值在 43.18%～46.30%变化，T_5时刻的 TG 值为 29.40%～32.19%。升温速率对落叶松实木 DTG 峰值的影响无规律。

表 2.5　落叶松实木颗粒不同升温速率的特征值

实验条件	β/(K·min^{-1})	干燥阶段		热解主要阶段			碳化阶段	DTG 峰值/(%·K^{-1})	T_3时TG/%	T_4时TG/%	T_5时TG/%
		T_1/K	T_2/K	T_3/K	T_4/K	T_5/K	T_5以上/K				
d=0.3～0.45mm, W=5%	10	349	393	499	636	655	655～873	−0.990	94.65	43.47	32.19
	20	352	410	513	649	673	673～873	−1.000	94.14	46.30	31.56
	30	355	413	526	664	689	689～873	−0.930	94.00	43.18	29.40
	50	381	420	545	679	727	727～873	−0.966	96.86	43.61	29.52

从 DTA 曲线可以看出 420K 以前是吸热阶段，这一阶段是生物质中的水的挥发阶段。500～800K 是吸热阶段，它是生物质热解过程中最主要的吸热阶段。之后是放热阶段，它是残留物的缓慢分解阶段（文丽华等，2004; Zhu et al.，2004; Stenseng et al.，2001）。表 2.6 是通过 DTA 曲线计算的主要热解区间的吸热量和炭化阶段的放热量。从表中可以看出随着升温速率的增加，单位质量落叶松树皮及实木颗粒热解过程中吸放热量减少，且与升温速率呈线性相关。落叶松树皮热解单位吸热量大于实木热解单位吸热量，而落叶松树皮的单位热解放热量小于实木的单位热解放热量。

表 2.6　落叶松树皮及实木热解过程中吸放热

β/(K·min^{-1})	树皮		实木	
	吸热量/(kJ·g^{-1})	放热量/(kJ·g^{-1})	吸热量/(kJ·g^{-1})	放热量/(kJ·g^{-1})
10	2.12	0.433	1.23	3.6
20	1.59	0.268	0.77	2.4
30	1.10	0.134	0.66	1.69
50	0.35	0.012	0.134	0.285

3. 含水率对热解特性的影响

考察原料含水率对落叶松树皮热解过程中特征温度和热解转化率的影响，实验结果见图 2.8 和图 2.9。

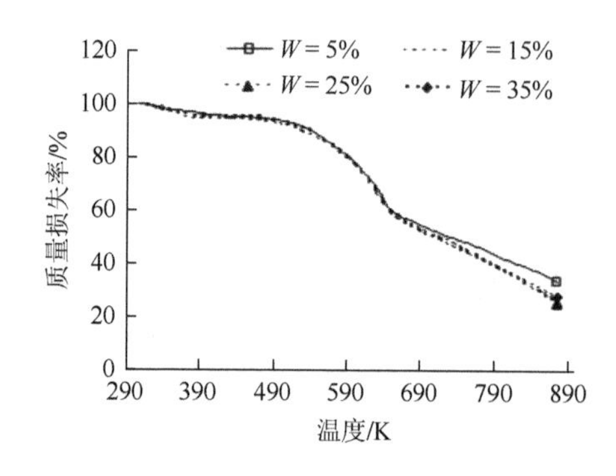

图 2.8　不同含水率落叶松树皮 TG 曲线

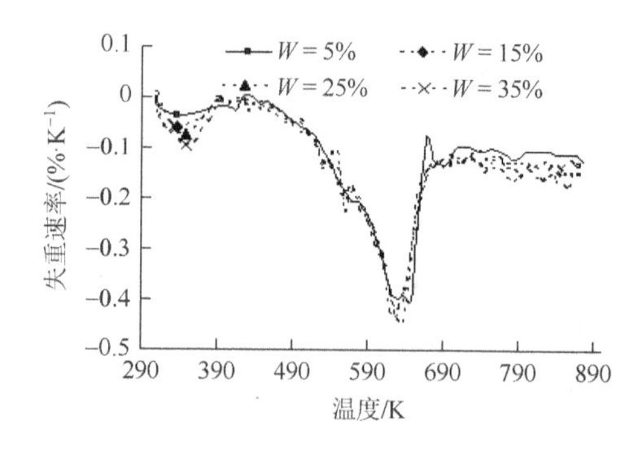

图 2.9　不同含水率落叶松树皮 DTG 曲线

图 2.8 和图 2.9 是粒径 $d = 0.3\sim0.45$mm、升温速率 $\beta = 10\text{K}\cdot\text{min}^{-1}$，不同含水率落叶松树皮 TG 曲线和 DTG 曲线。

实验结果表明，含水率对落叶松树皮的非等温热解特性影响程度不如升温速率的影响。温度在 656K 以上时，含水率为 5%的落叶松树皮颗粒的 TG 值大于其他三个含水率落叶松颗粒热解 TG 值。其他三个含水率落叶松颗粒的 TG 曲线基本重合。这是由于其他三个含水率（15%、25%、35%）的落叶松树皮颗粒在 656K 以下热解时，虽然大部分水分蒸发掉，但还有部分水分在温度的作用下已经进入纤维素的结晶区，使落叶松树皮中纤维素玻璃化转变加深，产生过多的活性纤维素，致使在温度 656K 以上，落叶松树皮的热解转化率增加。而含水率 5%的落叶松树皮颗粒在 656K 以下热解时，水分蒸发掉一部分，剩下微量的水分进入纤维素的结晶区，转化的活性纤维素的量少于含水率大于 5%的落叶松树皮颗粒。

图 2.9 表明了热解是在 482K 开始的，在 642K 时热解转化速率达到最大值，在 679K 之后热解转化速率保持恒定的值。不同含水率的落叶松树皮颗粒的热解特征温度接近。

从表 2.4 可以看出，含水率不同，DTG 峰值在−0.402～−0.443%·K^{-1}之间，随含水率的增加 DTG 峰值的绝对值增加，即转化速率最大值随含水率增加呈增大趋势；T_3 时刻 TG 在 94.54%～95.88%之间，基本随含水率的增加而增加，但与升温速率相比，增加幅度不大；T_4 时刻 TG 在 61.55%～68.92%之间，随含水率的增加而增加；T_5 时刻的 TG 在 51.27%～52.67%，随含水率的增加而减少。由于水分的存在，在温度的作用下，水分进入纤维素的结晶区而产生更多的活性纤维素，活性纤维素容易热裂解，使失重率增大。

4. 粒径对热解特性的影响

落叶松树皮粒径对落叶松树皮热解过程中特征温度和热解转化率的影响如图 2.10 和图 2.11 所示。

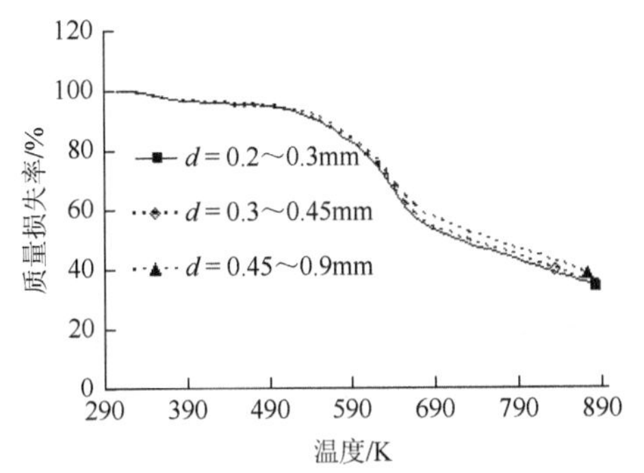

图 2.10　不同粒径落叶松树皮 TG 曲线

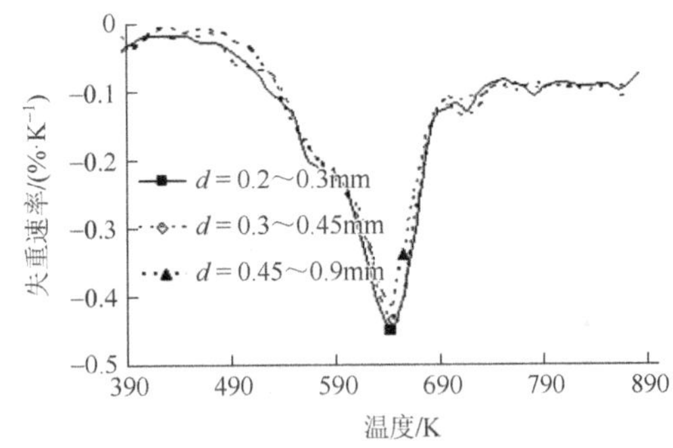

图 2.11　不同粒径落叶松树皮 DTG 曲线

图 2.10 和图 2.11 是含水率 $W = 25\%$、升温速率 $\beta = 30\text{K}\cdot\text{min}^{-1}$，不同粒径落叶松树皮 TG 曲线和 DTG 曲线。

实验结果表明：粒径为 0.2～0.3mm、0.3～0.45mm 和 0.45～0.9mm 的落叶松树皮颗粒热解失重 TG 曲线基本重合，DTG 曲线基本重合，这说明落叶松树皮颗粒粒径小于 1mm 时，粒径对落叶松树皮热解特性影响不大。图 2.10 中粒径大的 TG 曲线偏高，说明大粒径的落叶松树皮的热解转化率小于小粒径的转化率，而当温度为 650K 以后这种转化率的差异更加明显。由表 2.4 看出，与升温速率相比，0.2～0.9mm 范围内的粒径对热解特征温度影响不大，但 DTG 峰温随粒径的增大而增大，但不明显。DTG 峰值在−0.416～−0.453%·K^{-1}之间，随粒径的增加 DTG 峰值的绝对值减小，即转化速率最大值随粒径增加呈减小趋势；T_3 时刻的 TG 在 94.69%～95.93%之间，随粒径的增加先增后降；T_4 时刻的 TG 在 66.14%～68.13%之间，随粒径的增加而增加；T_5 时刻的 TG 在 50.59%～55.89%，随粒径的增加而增加。这主要是由于落叶松树皮颗粒热阻存在，粒径大的热阻大，在其内部形成的温度梯度大，导致落叶松树皮颗粒热解深度不够，使热解转化率降低。经分析看出粒径对落叶松树皮热解特性的影响规律等同于升温速率的影响。

5. 树皮和实木热解特性的比较

落叶松树皮和实木对热解过程中特征温度和热解转化率的影响如图 2.12 和图 2.13 所示。

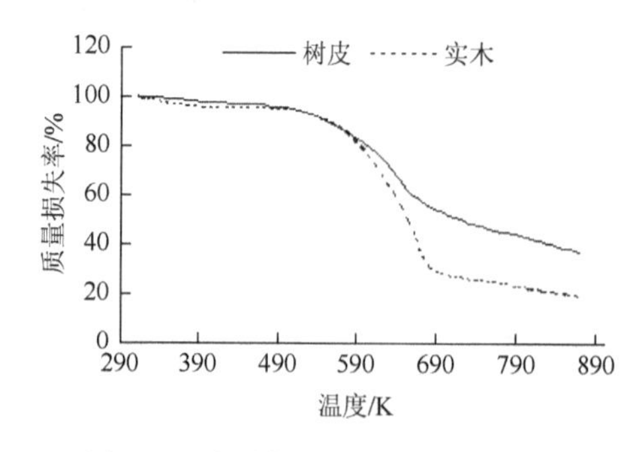

图 2.12　落叶松树皮和实木 TG 曲线

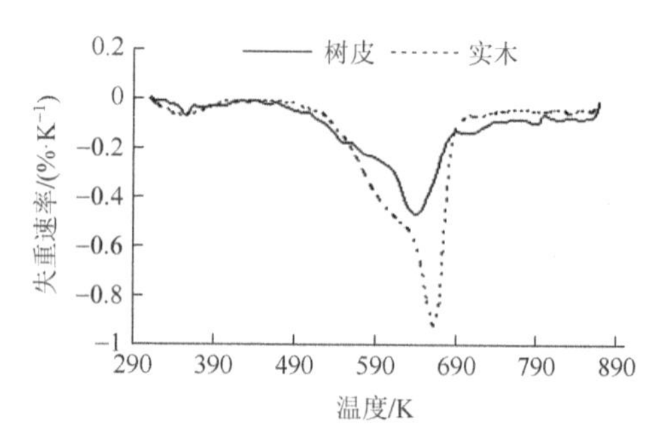

图 2.13　落叶松树皮和实木 DTG 曲线

图 2.12 和图 2.13 是粒径 $d=0.3\sim0.45\text{mm}$，含水率 $W=25\%$，升温速率 $\beta=30\text{K}\cdot\text{min}^{-1}$ 落叶松树皮和实木 TG 曲线和 DTG 曲线。

实验结果表明，温度在 550K 以下时，落叶松树皮 TG 曲线略高于落叶松实木。温度在 550K 以上，两条曲线分开，实木的 TG 和 DTG 曲线下降得快。当温度达到 638K 时，落叶松树皮 DTG 峰值达到最大值（−0.47）。当温度达到 663K 时，实木 DTG 峰值达到最大值（−0.93）。随后，两条 DTG 曲线随温度升高而上升，当温度达到 689K 时趋于平缓。且实木的 DTG 的绝对值大于落叶松树皮的 DTG 绝对值。由图 2.13 看出，落叶松树皮和实木是在相同的温度区间内热解。550K 以下、689K 以上，实木的转化速率略低于落叶松树皮，在热解主要阶段 550～689K 之间，实木的转化速率高于落叶松树皮，这是由于落叶松树皮的苯醇抽提物高于实木（表 2.3），抽提物在 550K 以下已经开始蒸发，使落叶松树皮的热解速率高于实木。在 550～689K 之间，由于这是落叶松树皮和实木的主要物质热解区间，实木中综纤维素的含量高于落叶松树皮，实木中的木质素含量是落叶松树皮的一半（表 2.3），实木在主热解区间热解速率大于落叶松树皮。689K 以上是热解后炭的形成过程，炭的形成主要与原料中木质素有关，由于落叶松树皮中木质素含量高，在 689K 之后落叶松树皮炭的形成过程继续进行，致使落叶松树皮的热解速率大于实木。这也是温度在 689K 以上两条 DTG 曲线距离大于 550K 以下时 DTG 曲线间距离的原因。实木的 DTG 峰温滞后落叶松树皮 DTG 峰温 25K，也是由于实木中综纤维素含量高于落叶松树皮（表 2.3）。

2.4　落叶松木材热解动力学方程建立

本节主要是确定热解转化率与热解温度之间的依赖关系，获得落叶松木材热解动力学参数——表观活化能（E）和频率因子（A），为进一步探索落叶松木材非等温热解机理和喷动循环流化床快速热解系统的设计制造提供理论依据。

在对落叶松树皮和实木热解动力学方程的建立过程中，为了使计算反映主反应区间的情况，采用了窄温度范围来计算，也就是对应最主要的失重区域，即图2.1和图2.2中T_3～T_5温度区间。在这个主要的失重区间进行转化率α的计算。但进行热解动力学分析过程中使用的热解初始温度T_3和终了温度T_5的确定对热解动力学分析至关重要，选取的正确性直接关系到热解动力学方程的确定。由于落叶松木材的热解是一个非常复杂的化学反应过程，其中不但有主要成分如半纤维素、纤维素和木质素的分解反应发生，而且还有其他很多反应同时发生，而对这些反应，通常难以分别分析。由于这些反应的作用，在获得的失重曲线上没有严格的平台存在，因此通常无法在TG曲线上确定一个明确的点对应于一个反应过程的开始和结束。为处理这个问题，采用DTG曲线上绝对值最小的点作为两失重阶段的分界线。对这种做法的合理性，Wendlandt（1986）曾做过详细阐述。

2.4.1　热解动力学基本方程

热解动力学基本方程为式（2.4），这里采用积分形式求解热解表观活化能和频率因子。热解表观活化能和频率因子的求解是在同一升温速率下对热分析测得的曲线上的数据点进行分析，通过动力学方程积分形式进行各种变换，得到不同形式的线性方程。然后尝试将反映各种热解机理的热解动力学不同模式函数积分式$F(\alpha)$代入，从所得直线的斜率和截距中求出E和A；而在代入方程计算时，能使方程获得最佳线性者即为最可能的机理函数$F(\alpha)$。通常用于固体反应机制研究的$F(\alpha)$的形式如表2.7所示。首先确定机理函数$F(\alpha)$，根据线性方程的斜率和截距求解E和A，把表观活化能和频率因子及确定的机理函数代到式（2.4）中即为热解动力学方程。

表2.7　不同反应机理的$F(\alpha)$函数式

函数号	机理名称	机理	积分函数$F(\alpha)$
1	抛物线法则	一维扩散，1D，D_1减速型α-T曲线	α^2
2	Valensi（Barrer）方程	二维扩散，圆柱形对称，2D，D_2减速型α-T曲线	$(1-\alpha)\ln(1-\alpha)+\alpha$

续表

函数号	函数名称	机理	积分函数 $F(\alpha)$
3	Ginstling-Broushtein 方程	三维扩散，圆柱形对称，3D，D_4减速型 a-T 曲线	$(1-2\alpha/3)-(1-\alpha)^{2/3}$
4	Jander 方程	三维扩散，3D，$n=1/2$	$[1-(1-\alpha)^{1/3}]^2$
5	反 Jander 方程	三维扩散，3D	$[(1+\alpha)^{1/3}-1]^2$
6	Zhuralev，Lesokin and Tempelmen 方程	三维扩散，3D	$\{[1/(1-\alpha)]^{1/3}-1\}^2$
7	反应级数	$n=1/4$	$1-(1-\alpha)^{1/4}$
8～12	Avrami-Erofeev 方程	随机成核和随后生长（$n=1, 1.5, 2, 3, 4$）	$[-\ln(1-\alpha)]^{1/n}$
13	收缩圆柱体（面积）	相边界反应，圆柱对称，R_2，减速型 a-T 曲线，$n=1/2$	$1-(1-\alpha)^{1/2}$
14	收缩球状（体积）	相边界反应，圆形对称，R_3，减速型 a-T 曲线，$n=1/3$	$1-(1-\alpha)^{1/3}$
15	幂函数法则	P_1，加速型 a-T 曲线	α
16	幂函数法则	P_1，加速型 a-T 曲线	$\alpha^{1/2}$
17	反应级数	$n=2$	$1-(1-\alpha)^2$
18	反应级数	$n=3$	$1-(1-\alpha)^3$
19	反应级数	化学反应	$(1-\alpha)^{-1}-1$
20	3/2 级	化学反应	$(1-\alpha)^{-1/2}$
21	二级	化学反应，F_2，减速型 a-T 曲线	$(1-\alpha)^{-1}$
22	三级	化学反应，F_3，减速型 a-T 曲线	$(1-\alpha)^{-2}$

2.4.2 建立热解动力学模型的基本思想

建立落叶松木材热解动力学模型的基本思想是：在较简单的化学反应中 $F(\alpha)$ 是由特定的反应机理来确定的。由于生物质热解过程极为复杂，包含许多中间反应，某一机理不足以控制整个过程。所以从常用的固态反应动力学机理函数（表 2.7）中选择，然后通过计算进行检验。具体过程如下：首先选取 $F(\alpha)$，根据热重实验的数据，将 $\ln\left[\frac{F(\alpha)}{T^2}\right]$ 对 $\frac{1}{T}$ 作图，该图线是否呈线性，就是判断选取的 $F(\alpha)$ 是否合理的标准。当确定了合理的 $F(\alpha)$ 后，就可以从直线的斜率和截距中求出热解表观活化能 E 和频率因子 A。从落叶松木材的 TG 和 DTG 曲线出发，根据曲线本身的特征，为落叶松木材的热解失重行为选取合理的反应机理函数。

2.4.3　热解动力学机理函数的确定

由于积分法中 $P(y)$ 在数学上无解，只能得近似解，不同的近似解使得所确定的机理函数不能真实地反映实际热解过程，存在计算的表观活化能和频率因子的差异。因此需要通过几种方法的相互验证，来确定热解动力学机理函数。确定热解动力学机理函数的方法很多，理论上，对于同一体系，用不同的方法获得的动力学参数的结果应该在某个范围内基本一致，但实际上并非如此。良好的线性并不能保证所选机理函数的合理性（Prasad et al.，1992），有时候同一组数据可能有几种机理函数与之匹配，研究结果的这种不一致性甚至在严格的实验条件下也难以避免。因此，如何选择一个合理的机理函数 $F(\alpha)$ 是关系到整个模型优劣的重要问题。

为了选取一个更为接近实际的机理函数，首先采用对于生物质热解人们常用的 Coats-Redfern 积分法将热重数据代入表 2.7 中的 22 个机理函数中求其线性相关系数，根据线性相关系数的大小，在表 2.7 中选取几个可能接近实际的机理函数，然后再用 Flynn-Wall-Ozawa 法、双外推法、Popescu 法和作者提出的特征相关法进一步确定最为接近实际过程的机理函数。

1. Coats-Redfern 积分方法

当温度低于 T_0 时木材几乎不会发生失重，因此认为在低温时反应速率很小，可以忽略不计，故式（2.4）中积分项可以化简为

$$\int_{T_0}^{T} \exp(-E/RT)\mathrm{d}T = \int_{0}^{T} \exp(-E/RT)\mathrm{d}T \tag{2.7}$$

然后对式（2.7）右边进行 Coats-Redfern 积分，可得

$$\int_{0}^{T} \exp(-E/RT)\mathrm{d}T = \frac{RT^2}{E}\left(1-\frac{2RT}{E}\right)\exp(-E/RT)$$

$$F(\alpha) = \frac{ART^2}{\beta E}\left(1-\frac{2RT}{E}\right)\exp(-E/RT) \tag{2.8}$$

对式（2-8）两边取对数，得

$$\ln\left[\frac{F(\alpha)}{T^2}\right] = \ln\left[\frac{AR}{\beta E}\left(1-\frac{2RT}{E}\right)\right] - \frac{E}{RT} \tag{2.9}$$

式中，由于 $2RT/E \ll 1$，而对于一般的反应温度范围和大多数的反应活化能 E 而

言，$\ln[(AR/\beta E)(1-2RT/E)]$ 均为常数，那么 $\ln[F(\alpha)/T^2]$ 对 $1/T$ 的图线应该是一条直线，其斜率为 $-E/R$，直线的截距中包含频率因子 A。而该图线是否呈线性，就是判断选取的 $F(\alpha)$ 是否正确的标准。当确定了正确的 $F(\alpha)$ 后，就可以根据图线的斜率和截距分别求出表观活化能 E 和频率因子 A，这里 $\ln[F(\alpha)/T^2]$ 对 $1/T$ 图线线性程度体现了所建立模型的优劣。

把表 2.7 中 22 个机理函数代入式（2.9），其中 α 的数值是通过 2.3 节中不同升温速率下的落叶松树皮颗粒和实木颗粒热解失重的数据计算获得。这样就得到大量（$\ln[F(\alpha)/T^2]$，$1/T$）点，对这些点进行线性拟合，得到 $\ln[F(\alpha)/T^2]$-$1/T$ 的直线。根据式（2.9）得到表观活化能 E 和频率因子 A。每个升温速率、每个机理函数对应一条直线，根据线性相关程度判断最适合落叶松树皮或实木热解的机理函数。采用 Coats-Redfern 积分法确定的落叶松树皮热解动力学参数见附录 1，根据不同升温速率下线性拟合相关系数来判断合适的机理函数，其中线性相关系数 R 最大的认为是最接近实际过程的机理函数。

根据附录 1 的数据，第 6 个机理函数线性相关系数最大，其为三维扩散反应动力学机理函数 $\{[1/(1-\alpha)]^{1/3}-1\}^2$。从附录 1 看出还有机理函数线性拟合的相关系数达到 0.98 以上，因为不同的机理函数获得的动力学参数相差甚远，所以要单纯依赖于线性相关程度来选择机理函数还不够，需用其他方法来进一步验证，下面用 Flynn-Wall-Ozawa 法来验证。

图 2.14 中的机理函数 $F(\alpha)$ 为 $\{[1/(1-\alpha)]^{1/3}-1\}^2$，其中直线是运用第 6 个机理函数对 $d=0.2$～0.3mm、$W=15\%$落叶松树皮热重数据求解表观动力学参数拟合曲线。图中，y_{10}、y_{20}、y_{30} 和 y_{50} 分别代表升温速率 $\beta=10\text{K}\cdot\text{min}^{-1}$、$\beta=20\text{K}\cdot\text{min}^{-1}$、$\beta=30\text{K}\cdot\text{min}^{-1}$ 和 $\beta=50\text{K}\cdot\text{min}^{-1}$ 时，$\ln[F(\alpha)/T^2]$-$1/T$ 直线方程。

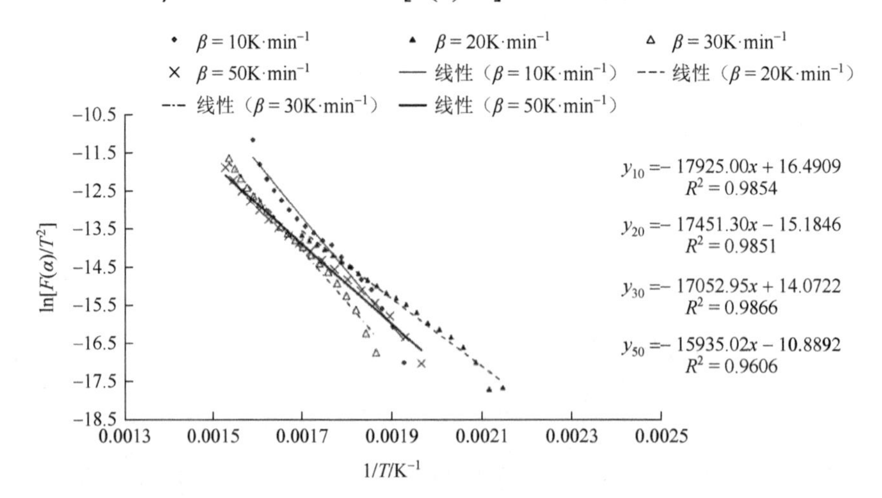

图 2.14　落叶松树皮 $\ln[F(\alpha)/T^2]$-$1/T$ 直线

2. Flynn-Wall-Ozawa 法

Flynn-Wall-Ozawa 法是一种近似积分法，避开了反应机理函数的选择而直接求出表观活化能值。与其他方法相比，它避免了因反应机理函数的假设不同而可能带来的误差。因此可用来检验其他用假设反应机理方法求得的活化能值。这是 Flynn-Wall-Ozawa 法的一个突出优点（于伯龄和姜胶东，1990）。

利用积分式（2.4）

$$F(\alpha)=\frac{A}{\beta}\int_{T_0}^{T}\exp(-E/RT)\mathrm{d}T=\frac{AE}{\beta R}P(y)$$

其中，

$$F(\alpha)=\int_0^{\alpha}\frac{\mathrm{d}\alpha}{f(\alpha)},\quad P(y)=\int_{-\infty}^{y}-\frac{\exp(-y)}{y^2}\mathrm{d}y$$

通过数学上积分变换，

$$P(y)=\frac{\exp(-y)}{y^2}\left(1-\frac{2!}{y}+\frac{3!}{y^2}-\frac{4!}{y^3}+\cdots\right) \tag{2.10}$$

把式（2.10）取前两项近似，当 20≤ y ≤60 时，下式成立。

$$\lg P(y)=-2.315-0.4567y \tag{2.11}$$

对式（2.4）整理后，得

$$\beta=\frac{AE}{RF(\alpha)}P(y) \tag{2.12}$$

对式（2.12）两边取对数，得

$$\lg\beta=\lg\frac{AE}{RF(\alpha)}+\lg P(y) \tag{2.13}$$

将式（2.11）代入式（2.13），得

$$\lg\beta=\lg\frac{AE}{RF(\alpha)}-2.315-0.4567\frac{E}{RT} \tag{2.14}$$

分析式（2.14）可以发现，当 α 是常数时，假定 $F(\alpha)$ 只与 α 有关，所以不管 $F(\alpha)$ 形式如何，$F(\alpha)$ 总是常数，这样对 $\lg\beta$-$1/T$ 作图，其斜率为 $-0.4567E/R$，从而求出热解反应的表观活化能值，其结果见表 2.8。由式（2.14）可以发现，在计算活化能过程中至少需要用到两个升温速率的曲线，因为确定直线至少需要两个点，每个点的坐标为（$\lg\beta$，$1/T$），所以升温速率越多计算越精确。Flynn-Wall-Ozawa 法计算的动力学参数表征的是不同转化率下多个升温速率的平均值，其参数与热解深度有关，而 Coats-Redfern 积分法计算的动力学参数表征的是每一个升温速率下热解主要阶段的平均值，其参数与升温速率有关。

表 2.8 落叶松树皮 Flynn-Wall-Ozawa 法计算的热解动力学参数

α	$E/(\mathrm{kJ\cdot mol^{-1}})$	$\lg A$	R
0.2	142.65	10.93	−0.9225
0.3	162.08	12.54	−0.941
0.4	163.51	12.56	−0.9561
0.5	162.99	12.49	−0.9663
0.6	167.93	12.91	−0.9622
0.7	170.53	13.13	−0.9319
0.8	91.88	6.86	−0.4389

图 2.15 是不同升温速率下，粒径 $d=0.2\sim0.3\mathrm{mm}$、$W=15\%$的落叶松树皮转化率与温度的关系。图中曲线表明：整体上，升温速率大的热解过程达到相同转化率时所需热解温度高。当转化率在 0.1 以下时，各条曲线距离很近，说明转化率在 0.1 以下时升温速率对转化温度的影响不大，当转化率在 0.74 以上时 $\beta=10\mathrm{K\cdot min^{-1}}$ 的曲线超过 $\beta=20\mathrm{K\cdot min^{-1}}$ 的曲线，且逐渐超过 $\beta=30\mathrm{K\cdot min^{-1}}$ 的曲线。转化率在 0.84 以上时 $\beta=20\mathrm{K\cdot min^{-1}}$ 曲线趋于 $\beta=30\mathrm{K\cdot min^{-1}}$ 的曲线。这些说明在转化率 0.7 以上时，升温速率大的热解过程达到相同转化率时的温度高。转化率在 0.1～0.74 之间升温速率对温度的影响大。

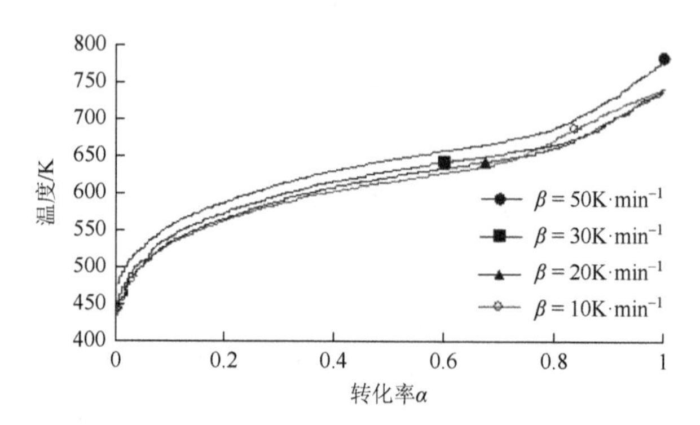

图 2.15 不同升温速率下转化率与温度的关系曲线

以上现象原因：对于相同的转化率，因为物料颗粒在热解过程中存在热量传递和质量扩散过程，升温速率越大其滞后效应就越大，达到相同温度所需时间越短，热解转化率低于升温速率小的热解过程，而转化率达到较高的数值时，即温度高达一定范围时，由于不同升温速率下热质传递引起的滞后效应趋于一致，热解过程主要取决于热解温度。

图 2.16 中 $y_{0.2}, y_{0.3}, \cdots, y_{0.8}$ 代表转化率 α 为 0.2，0.3, ⋯, 0.8 时的 $\lg\beta$-$1/T$ 直线

方程。可以看出转化率在 0.2～0.7 的线性相关程度大，转化率 0.8 的线性相关程度小。

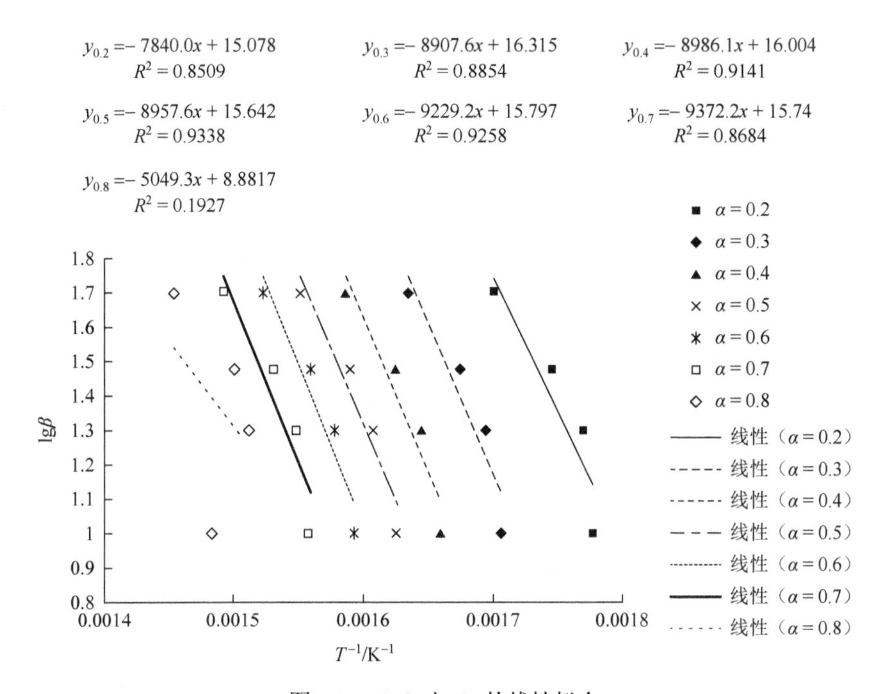

图 2.16　lgβ 对 1/T 的线性拟合

表 2.8 是由图 2.16 中的线性方程计算得到的动力学参数。由表 2.8 可以看出热解表观活化能基本随反应的加深而呈增大趋势。这可能与生物质中半纤维素与纤维素的不同热解特性有关。纤维素的表观活化能较高，大约为 200kJ·mol^{-1}，热解温度较高（573～703K）。半纤维素的表观活化能较低，约为 100kJ·mol^{-1}，热解温度较低（523～623K）。木质素的表观活化能最低，约为 80kJ·mol^{-1}，热解温度较宽（523～823K）（Orfao et al.，1999；Rao and Shanna，1998）。反应深度较低时，表观活化能主要依赖于半纤维素的热解，因而活化能较低：反应深度较高时，表观活化能主要依赖于纤维素的热解，因而表观活化能较高。

从表 2.8 中的线性相关系数看出，只有转化率 0.8 时线性相关系数为–0.4389，其他转化率下的线性相关系数都大于 0.92，说明对于粒径 d = 0.2～0.3mm、W = 15%的落叶松树皮颗粒的热解区间进行全局动力学模型模拟欠妥，需采用分阶段模拟。以转化率 0.7 为分界点，分两阶段进行双阶段模拟，每个阶段都重新定义了热解起始点和终止点，即重新确定了每个阶段的转化率公式。热解反应本质上说明反应物只有具备了活化能才能参与反应，这种能量是反应体系本身固有的，只要反应体系一经确定，这个能量将不变化。热解过程中每个阶段都应看作一个反应体系，这样计算的动力学方程与实际比较接近，所以采用分阶段分体系的研究方法（即把每个阶段看作独立的热解过程，采用分阶段的转化率计算方法）进行动力学计算。

通过对 DTG 曲线分析发现转化率为 0.7～0.8 区间恰恰包含了 DTG 曲线主要热解峰。由于从峰温开始，热解转化速率由逐渐升高转为逐渐降低，这时刻的反应很复杂，很难用相应的模型来描述，这也是很多学者避开这一点的原因。

表 2.8 中的表观活化能值与由 Coats-Redfern 积分法选取的表 2.7 中第 6 个机理函数计算活化能的值基本相近，说明表 2.7 中第 6 个机理函数可能是粒径 $d=0.2\sim0.3$mm、$W=15\%$的落叶松树皮热解的机理函数，但很多学者的研究表明生物质的热解过程为一级反应模型，而表 2.7 中第 8 个机理函数为一级反应模型，且附表 1 中第 8 个机理函数对应的线性相关系数也很高。为了确定表 2.7 中第 6 个和第 8 个机理函数哪个是最接近真实热解机理的函数，下面采用双外推法进行机理函数的确定。

3. 双外推法

该法是我国学者潘云祥教授于 1999 年提出的。他认为，固体样品在一定升温速率的热场中的受热过程是非定温过程，样品自身的热传导造成了样品本身及样品与热场之间始终处于一种非热平衡状态，在此基础上得到的反应机理及动力学参数显然与其真实情况有一定的偏离。这与热平衡态的偏离程度和升温速率密切相关。升温速率越大，偏离就越大，升温速率越小，偏差就越小。将升温速率外推为零，就可获得理论上的样品处于热平衡态下的有关参数，它将反映出过程的真实情况。另外，一个样品在不同转化率时，其表观活化能等动力学参数往往呈现规律性的变化，如果获得转化率为零时的有关动力学参数，则可认为它是体系处于原始状态时的参数。据此，提出用双外推法，即将升温速率和转化率外推为零求样品在热平衡态下的 $E_{\beta\to0}$ 及原始状态下的 $E_{\alpha\to0}$ 值，两者相结合确定一个固相反应的最概然机理函数（于伯龄和姜胶东，1990；潘云祥等，1999）。

根据 Coats-Redfern 积分式（于伯龄和姜胶东，1990），

$$\ln\left[\frac{F(\alpha)}{T^2}\right]=\ln\frac{AR}{\beta E}-\frac{E}{RT} \tag{2.15}$$

根据式（2.15）并结合表 2.7 的 22 个机理函数计算出的动力学参数见附录 1，可以看出计算得出的 E 、A 值随 β 而异。这显然是由于样品具有一定的热阻，程序升温所提供的加热速率与样品自身的升温速率不能吻合。因而在反应中样品的自冷和自热效应歪曲了表观活化能，无疑会对反应机理的判别带来偏差。将加热

速率外推为零，使样品处于理想的热平衡状态，将会克服这种偏差，如此获得的 $E_{\beta\to 0}$ 值更趋于其真实值。

又根据 Flynn-Wall-Ozawa 公式［式（2.14）］可知，当 α 一定时，$F(\alpha)$ 为定值，则 $\lg\beta$ 与 $1/T$ 呈直线关系。由此可求出对应于不同 α 时的表观活化能 E。将 $E_{\beta\to 0}$ 值与 $E_{\alpha\to 0}$ 值相比较，与之相近的 $E_{\beta\to 0}$ 值所代表的 $F(\alpha)$ 式为反应的最可能机理函数无疑是最有说服力的。

由附录 1 可以看出，根据线性相关系数 R 和表观活化能 E 确定最可能机理函数为：第 1 个、第 2 个、第 3 个、第 4 个、第 5 个、第 6 个、第 7 个和第 8 个。分别对附录 1 中第 1 个至第 8 个机理函数 Coats-Redfern 积分法计算的表观活化能做 β 外推为零处理，获得各自的 $E_{\beta\to 0}$ 及 $(\ln A)_{\beta\to 0}$ 值，见表 2.9。根据表 2.8 中的 α 和 E 值，外推 α 为零，得到 $E_{\alpha\to 0}$ 值为 154.74kJ·mol^{-1}，将其与表 2.9 的 8 个机理函数计算得到的 $E_{\beta\to 0}$ 值比较，计算后得到最佳机理函数为第 6 个机理函数。这说明第 6 个机理函数是最接近实际的机理函数。

表 2.9　不同模型活化能 *E* 和 ln*A* 外推为零的值

模型	$E_{\beta\to 0}$	$(\ln A)_{\beta\to 0}$	R_E	$R_{\ln A}$
1	110.34	19.35	0.9922	0.9592
2	118.76	20.75	0.9908	0.9548
3	121.45	19.93	0.9939	0.9618
4	128.79	21.74	0.993	0.9596
5	103.4	14.28	0.905	0.5763
6	153.36	27.8	0.9952	0.9658
7	61.32	8.76	0.9953	0.9158
8	65.54	11.22	0.9935	0.8493

注：R_E、$R_{\ln A}$ 分别为 E-β 、$\ln A$-β 的线性相关系数。

由于 Coats-Redfern 积分法中引入了温度积分，且在积分式中舍弃了 $\ln(1-2RT/E)$ 这一项，其公式为近似值，所以在计算中存在误差，下面采用 Popescu 法对落叶松树皮热解动力学参数进行计算。

4. Popescu 法

Popescu 于 1996 年提出了一种新的多重扫描法，测定不同 β 下的一组 TG 曲线，采集图 2.17 所示的不同 $\beta_i\ (i=1,2,3,4)$ 下 T_m 和 T_n 时的数据，即$(\alpha_{m1},\ \alpha_{n1}),\cdots,(\alpha_{m4},\ \alpha_{n4})$时的数据$(T_{m1},T_{n1}),\cdots,(T_{m4},T_{n4})$，对动力学积分式做最简近似处理。Popescu 法的特点在于确定最概然 $F(\alpha)$ 时，既未引入温度积分的近似值，又未考

虑 $k(T)$ 的具体形式。与多重扫描法的 Flynn-Wall-Ozawa 法相比，分析 TG 数据时，Flynn-Wall-Ozawa 法用相同 β 处的 T，而 Popescu 法用相同 T 处的 α（胡荣祖和史启祯，2001；Popescu，1996）。

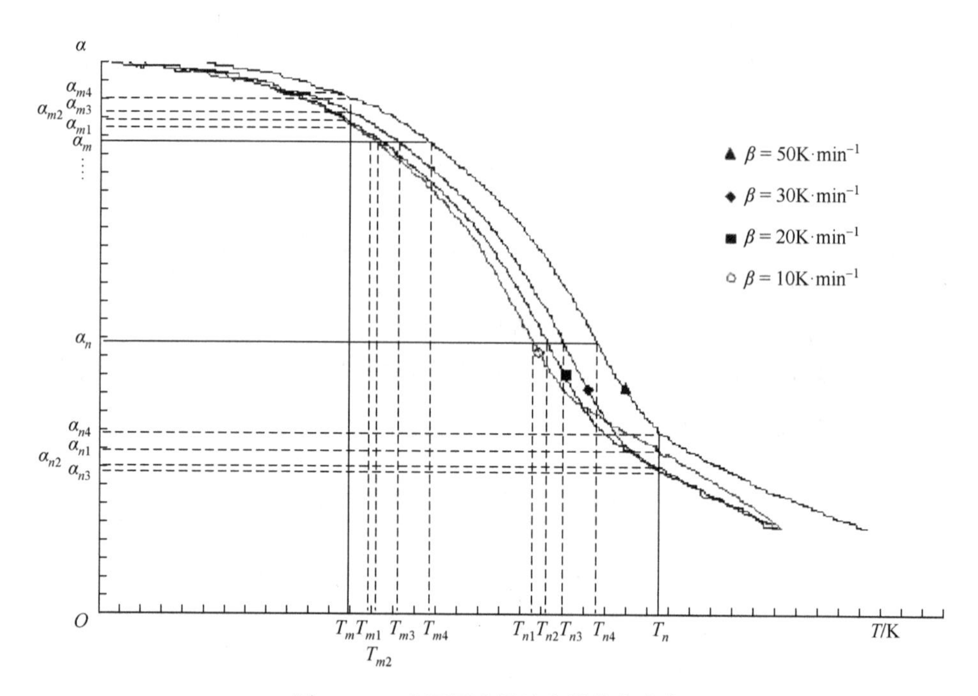

图 2.17　4 个不同升温速率转化率曲线

将 $\beta = \dfrac{\mathrm{d}T}{\mathrm{d}t}$ 代入式（2.1），得

$$\frac{\mathrm{d}\alpha}{f(\alpha)} = \frac{1}{\beta} k \mathrm{d}T \tag{2.16}$$

对式（2.16）两边积分，得

$$\int_{\alpha_m}^{\alpha_n} \frac{\mathrm{d}\alpha}{f(\alpha)} = \frac{1}{\beta} \int_{T_m}^{T_n} k \mathrm{d}T \tag{2.17}$$

式中，α_m，α_n——两个不同的转化率；

T_m，T_n——与其相对应的温度。

令

$$F(\alpha)_{mn} = \int_{\alpha_m}^{\alpha_n} \frac{\mathrm{d}a}{f(\alpha)} \tag{2.18}$$

$$I(T)_{mn} = \int_{T_m}^{T_n} k \mathrm{d}T \tag{2.19}$$

则式（2.17）可简化为

$$F_{mn}=\frac{1}{\beta}I_{mn} \tag{2.20}$$

式（2.20）说明，对于一定范围内的α，如果假定了正确的机理函数$F(\alpha)$，则F_{mn}-$1/\beta$呈一直线。把从图2.17上每条曲线在T_m～T_n内取得的(α_{m1}, α_{n1}),⋯, (α_{m4}, α_{n4})值代入式（2.18）并把表2.7中的22个机理函数分别代入得F_{mn1}，F_{mn2}，F_{mn3}和F_{mn4}，以F_{mn}-$1/\beta$作图。如果得到一条截距为零的直线，说明机理函数$F(\alpha)$就是反映真实化学过程的动力学机理函数。附录2给出了520～700K范围内不同温度段的各种机理函数的F_{mn}-$1/\beta$相关系数及斜率与截距的比值。通过斜率与截距的比值可以看出F_{mn}-$1/\beta$直线通过原点的可靠程度，即斜率/截距越大说明F_{mn}-$1/\beta$直线通过原点的可能性越大。可用相关系数和斜率与截距的比值作为选择正确机理函数的依据。

由附录2中相关系数和斜率与截距的比值可以看出，对于落叶松树皮，在考察的520～640K内的最佳机理函数是表2.7中第6个机理函数，即Zhuralev, Lesokin and Tempelmen方程$F(\alpha)=\{[1/(1-\alpha)]^{1/3}-1\}^2$，其属于三维扩散模式。在640～700K内由于相关系数和斜率与截距的比值都小，不能确定最佳的机理函数，说明落叶松树皮在热解主反应区需用两阶段反应模型来描述。

为了计算表观活化能和频率因子，把阿伦尼乌斯等式$k=A\cdot\exp(-E/RT)$代入式（2.17），得

$$\int_{\alpha_m}^{\alpha_n}\frac{\mathrm{d}\alpha}{f(\alpha)}=\frac{A}{\beta}\int_{T_m}^{T_n}\exp(-E/RT)\mathrm{d}T \tag{2.21}$$

令

$$H_{mn}=\int_{T_m}^{T_n}\exp(-E/RT)\mathrm{d}T \tag{2.22}$$

把式（2.21）和式（2.22）代入式（2.18），得

$$F_{mn}=\frac{A}{\beta}H_{mn} \tag{2.23}$$

由有限积分平均值理论知

$$H_{mn}=(T_n-T_m)\exp(-E/RT_\xi) \tag{2.24}$$

T_ξ在T_m～T_n内，且

$$T_\xi=(T_m+T_n)/2 \tag{2.25}$$

把式（2.24）代入式（2.23），得

$$F_{mn}=\frac{A}{\beta}(T_n-T_m)\exp(-E/RT_\xi) \tag{2.26}$$

对式（2.26）整理取对数，得

$$\ln\frac{\beta}{T_n - T_m} = \ln\frac{A}{F_{mn}} - \frac{E}{RT_\xi} \tag{2.27}$$

图 2.17 上，每条曲线在 $\alpha_m \sim \alpha_n$ 内取得$(T_{m1}, T_{n1}), \cdots, (T_{m4}, T_{n4})$值。以 $\ln\frac{\beta}{T_n - T_m}$ 对 $\frac{1}{T_\xi}$ 作图，其直线斜率为$-E/R$，从而可计算活化能值E。截距为 $\ln(A/F_{mn})$，因为α已知，F_{mn}由式（2.18）计算而得，则频率因子也可计算得到。通过最佳机理函数$F(\alpha)=\{[1/(1-\alpha)]^{1/3}-1\}^2$计算的动力学参数结果见表 2.10。从表 2.10 中看到，$\alpha_n \sim \alpha_m$ 在 0.7～0.8 之间通过机理函数 $F(\alpha)=\{[1/(1-\alpha)]^{1/3}-1\}^2$ 所作的 $\ln\frac{\beta}{T_n - T_m}$ - $\frac{1}{T_\xi}$ 直线的相关系数为−0.5287，线性相关性不高，说明机理函数 $F(\alpha)=\{[1/(1-\alpha)]^{1/3}-1\}^2$ 在 $\alpha_n \sim \alpha_m$ =0.7～0.8 之间不是最佳机理函数。区间 $\alpha_n \sim \alpha_m$ =0.7～0.8 所对应的温度区间为 640～700K，这恰恰是机理函数 $F(\alpha)=\{[1/(1-\alpha)]^{1/3}-1\}^2$ 所不能描述的。以上三种方法的结论是一致的，说明落叶松树皮颗粒热解过程要分两阶段来描述。

表 2.10 Popescu 法计算落叶松树皮的热解动力学参数

$\alpha_n \sim \alpha_m$	E/(kJ·mol^{-1})	ln$A$/min^{-1}	R
0.2～0.3	163.23	29.0004	−0.9452
0.3～0.4	159.88	28.0711	−0.9562
0.4～0.5	157.94	27.7518	−0.9687
0.5～0.6	172.82	30.6692	−0.9574
0.6～0.7	162.79	28.6669	−0.9265
0.7～0.8	171.04	29.9598	−0.5287

由表 2.10 可以看出表观活化能基本上均随反应的加深而呈增大趋势。通过该法计算的结果与通过 Flynn-Wall-Ozawa 法求出的结果一致。

5. 特征相关法确定机理函数

分析以上四种热解动力学机理函数确定的方法，可以看出第 6 个机理函数较为接近真实的热解机理，但目前对于生物质热解机理服从第 6 个机理函数还是第 8 个机理函数仍存在不同的看法，一方面是由于生物质热解过程复杂，另一方面是由于在确定热解机理函数时采用了中间转化直线方程的形式，增加了判断热解机理函数的误差，并且过程复杂，鉴于此提出特征相关法确定机理函数，避免了以上方法由于中间直线方程的转化所带来的误差。

特征相关法主要是把 22 个机理函数及通过上述方法确定的不同机理函数计算的表观活化能和频率因子代入热解转化速率的积分式中，通过转化速率方程预测曲线与实验的转化速率曲线相比较，相关系数大的机理函数被确定为接近真实热解的机理函数，所应用的确定热解表观活化能和频率因子的方法及其确定的热解动力学参数被认为接近落叶松树皮热解真实情况的计算动力学参数的方法和热解动力学参数。因为热解动力学方程主要是应用在工程预测反应物的转化率随时间或与温度变化的规律，所以通过特征相关法确定的动力学方程接近真实情况。随着计算机技术的发展，可以不考虑机理函数，采用计算机通过迭代计算法计算，直接对预测热解转化速率曲线与实验热解转化速率曲线进行相关性分析，从而判断最适合落叶松树皮热解真实情况的热解机理函数，这种方法是具有发展前景的方法。

下面通过特征相关法判定第 6 个和第 8 个机理函数中哪个更接近落叶松树皮热解真实情况。判定过程如下：

把以上四种方法得到的动力学参数及所判定的热解机理函数代入这两个机理函数确定的热解动力学方程中，通过预测热解转化率曲线与实验热解转化率曲线相比较，两条曲线相关系数最大的热解机理函数和由其方法确定的热解动力学参数为接近落叶松树皮真实热解过程的机理函数和动力学参数。

将用 Coats-Redfern 积分法对表 2.7 中第 6 个和第 8 个机理函数进行动力学参数计算得到的表观活化能和频率因子代入 Coats-Redfern 的积分式中，得到的落叶松树皮热解动力学方程 Coats-Redfern 表达式见表 2.11 和表 2.12。

表 2.11　不同升温速率下落叶松树皮 Coats-Redfern 热解动力学方程 1

β/(K·min^{-1})	表 2.7 中第 6 个机理函数建立的落叶松树皮热解动力学方程
10	$\ln(((1/(1-\alpha))^{1/3}-1)^2/T^2)=\ln(1-0.000112T)-17925.4/T+14.3734$
20	$\ln(((1/(1-\alpha))^{1/3}-1)^2/T^2)=\ln(1-0.000115T)-17451.26/T+13.0671$
30	$\ln(((1/(1-\alpha))^{1/3}-1)^2/T^2)=\ln(1-0.000117T)-17052.95/T+11.9547$
50	$\ln(((1/(1-\alpha))^{1/3}-1)^2/T^2)=\ln(1-0.000126T)-15935.02/T+8.7717$

表 2.12　不同升温速率下落叶松树皮 Coats-Redfern 热解动力学方程 2

β/(K·min^{-1})	表 2.7 中第 8 个机理函数建立的落叶松树皮热解动力学方程
10	$\ln(-\ln(1-\alpha)/T^2)=\ln(1-0.000264T)-7577.62/T-0.66$
20	$\ln(-\ln(1-\alpha)/T^2)=\ln(1-0.000272T)-7356.2/T-1.249$
30	$\ln(-\ln(1-\alpha)/T^2)=\ln(1-0.000281T)-7109.51/T-1.88$
50	$\ln(-\ln(1-\alpha)/T^2)=\ln(1-0.000308T)-6489.77/T-3.51$

Flynn-Wall-Ozawa 法确定的表观活化能和频率因子与落叶松树皮的热解转化率有关，不同的转化率下的表观活化能和频率因子不同，见表 2.8。将表 2.8 的表观活化能和频率因子的平均值和通过外推法计算的表观活化能和频率因子分别代入 Coats-Redfern 的积分式中，得到的落叶松树皮热解动力学方程 Coats-Redfern 表达式见表 2.13、表 2.14、表 2.15 和表 2.16。

表 2.13　Flynn-Wall-Ozawa 法落叶松树皮热解动力学方程 1

β/(K·min^{-1})	表 2.7 中第 6 个机理函数建立的落叶松树皮热解动力学方程
10	$\ln(((1/(1-\alpha))^{1/3}-1)^2/T^2)=\ln(1-0.00011T)-18249.44/T+16.566$
20	$\ln(((1/(1-\alpha))^{1/3}-1)^2/T^2)=\ln(1-0.00011T)-18249.44/T+15.8135$
30	$\ln(((1/(1-\alpha))^{1/3}-1)^2/T^2)=\ln(1-0.00011T)-18249.44/T+15.4081$
50	$\ln(((1/(1-\alpha))^{1/3}-1)^2/T^2)=\ln(1-0.00011T)-18249.44/T+14.8972$

表 2.14　Flynn-Wall-Ozawa 法落叶松树皮热解动力学方程 2

β/(K·min^{-1})	表 2.7 中第 8 个机理函数建立的落叶松树皮热解动力学方程
10	$\ln(-\ln(1-\alpha)/T^2)=\ln(1-0.00011T)-18249.44/T+16.5660$
20	$\ln(-\ln(1-\alpha)/T^2)=\ln(1-0.00011T)-18249.44/T+15.8135$
30	$\ln(-\ln(1-\alpha)/T^2)=\ln(1-0.00011T)-18249.44/T+15.4081$
50	$\ln(-\ln(1-\alpha)/T^2)=\ln(1-0.00011T)-18249.44/T+14.8972$

表 2.15　Flynn-Wall-Ozawa 计算的外推活化能和频率因子的落叶松树皮热解动力学方程 1

β/(K·min^{-1})	表 2.7 中第 6 个机理函数建立的落叶松树皮热解动力学方程
10	$\ln(((1/(1-\alpha))^{1/3}-1)^2/T^2)=\ln(1-0.000118T)-17015.64/T+13.0077$
20	$\ln(((1/(1-\alpha))^{1/3}-1)^2/T^2)=\ln(1-0.000118T)-17015.64/T+12.3145$
30	$\ln(((1/(1-\alpha))^{1/3}-1)^2/T^2)=\ln(1-0.000118T)-17015.64/T+11.909$
50	$\ln(((1/(1-\alpha))^{1/3}-1)^2/T^2)=\ln(1-0.000118T)-17015.64/T+11.3982$

表 2.16　Flynn-Wall-Ozawa 计算的外推活化能和频率因子的落叶松树皮热解动力学方程 2

$\beta/(\mathrm{K\cdot min^{-1}})$	表 2.7 中第 8 个机理函数建立的落叶松树皮热解动力学方程
10	$\ln(-\ln(1-\alpha)/T^2)=\ln(1-0.000118T)-17015.64/T+13.0077$
20	$\ln(-\ln(1-\alpha)/T^2)=\ln(1-0.000118T)-17015.64/T+12.3145$
30	$\ln(-\ln(1-\alpha)/T^2)=\ln(1-0.000118T)-17015.64/T+11.909$
50	$\ln(-\ln(1-\alpha)/T^2)=\ln(1-0.000118T)-17015.64/T+11.3982$

将通过 Popescu 法计算的表观活化能和频率因子的平均值代入 Coats-Redfern 的积分式中，得到的落叶松树皮热解动力学方程 Coats-Redfern 表达式见表 2.17 和表 2.18。

表 2.17　Popescu 计算的平均活化能和频率因子的落叶松树皮热解动力学方程 1

$\beta/(\mathrm{K\cdot min^{-1}})$	表 2.7 中第 6 个机理函数建立的落叶松树皮热解动力学方程
10	$\ln(((1/(1-\alpha))^{1/3}-1)^2/T^2)=\ln(1-0.000101T)-19809.47/T+16.8234$
20	$\ln(((1/(1-\alpha))^{1/3}-1)^2/T^2)=\ln(1-0.000101T)-19809.47/T+16.1302$
30	$\ln(((1/(1-\alpha))^{1/3}-1)^2/T^2)=\ln(1-0.000101T)-19809.47/T+15.7248$
50	$\ln(((1/(1-\alpha))^{1/3}-1)^2/T^2)=\ln(1-0.000101T)-19809.47/T+15.2139$

表 2.18　Popescu 计算的平均活化能和频率因子的落叶松树皮热解动力学方程 2

$\beta/(\mathrm{K\cdot min^{-1}})$	表 2.7 中第 8 个机理函数建立的落叶松树皮热解动力学方程
10	$\ln(-\ln(1-\alpha)/T^2)=\ln(1-0.000101T)-19809.47/T+16.8324$
20	$\ln(-\ln(1-\alpha)/T^2)=\ln(1-0.000101T)-19809.47/T+16.1302$
30	$\ln(-\ln(1-\alpha)/T^2)=\ln(1-0.000101T)-19809.47/T+15.7248$
50	$\ln(-\ln(1-\alpha)/T^2)=\ln(1-0.000101T)-19809.47/T+15.2139$

通过这些方程对落叶松树皮热解过程热解转化速率的预测曲线与实验的真实转化速率曲线相比较，根据其相关系数的大小来分析判断表 2.7 中第 6 个和第 8 个机理函数哪个是最接近实际热解的机理函数。其相关系数见表 2.19。

表 2.19 预测值和实验值相关系数

β/(K·min^{-1})	Coats-Redfern 法		Flynn-Wall-Ozawa 法（E 和 A 的平均值）		Flynn-Wall-Ozawa 法（E 和 A 的外推值）		Popescu 法	
	R		R		R		R	
	6 号函数	8 号函数	6 号函数	8 号函数	6 号函数	8 号函数	6 号函数	8 号函数
10	0.9983	0.9983	0.9645	0.9806	0.9971	0.8970	0.9979	0.8415
20	0.9979	0.9984	0.9697	0.9771	0.9980	0.8867	0.9974	0.8376
30	0.9981	0.9977	0.9682	0.9801	0.9980	0.8944	0.9981	0.8540
50	0.9972	0.9843	0.9585	0.9821	0.9966	0.9328	0.9984	0.9121

从表中可以看出，四个升温速率下，Coats-Redfern 法确定的热解动力学方程第 6 个机理函数的相关系数大多比第 8 个机理函数的相关系数略高点，但不能说明第 6 个机理函数是最接近真实热解行为的机理函数。通过 Flynn-Wall-Ozawa 法外推的表观活化能、频率因子和 Popescu 法确定的表观活化能、频率因子确定的热解动力学方程预测曲线与实验数据的曲线相比较，第 6 个机理函数的相关系数比第 8 个机理函数大得多。因此可以判断第 6 个机理函数为落叶松树皮热解的机理函数。由表 2.19 看出 Coats-Redfern 法确定的相关系数最大，可以认为 Coats-Redfern 法计算的热解动力学方程接近于落叶松树皮热解的真实行为。

2.4.4 热解动力学参数

根据以上分析，确定落叶松树皮的热解机理函数为$F(\alpha)=\{[1/(1-\alpha)]^{1/3}-1\}^2$，通过Coats-Redfern法计算的表观活化能和频率因子为落叶松树皮热解的表观活化能和频率因子，见附录 1。

落叶松实木热解机理函数确定后，表观活化能和频率因子的计算等同于落叶松树皮，结果为：实木的热解机理函数为$F(\alpha)=\{[1/(1-\alpha)]^{1/3}-1\}^2$，其表观活化能和频率因子见表 2.20。

表 2.20 落叶松实木热解动力学参数

β/(K·min^{-1})	E/(kJ·mol^{-1})	ln$A$	R
10	220.23	41.10	−0.9825
20	224.72	40.68	−0.9831
30	226.37	41.50	−0.9804
50	229.53	41.53	−0.9819

2.4.5　落叶松木材热解动力学方程

1. 落叶松树皮热解动力学方程

根据以上分析可知在本热重实验的条件下，采用两个阶段的热解动力学方程对落叶松树皮热解过程进行预测。根据确定机理函数的方法对两阶段热解反应进行热解动力学机理函数确定，计算结果为两阶段热解反应机理函数是表 2.7 中第 6 个机理函数。采用 Coats-Redfern 法计算的动力学参数见表 2.21。落叶松树皮两阶段热解反应动力学方程见表 2.22 和表 2.23。

表 2.21　两阶段动力学参数

$\beta/(K \cdot min^{-1})$	第一阶段			第二阶段		
	$E/(kJ \cdot mol^{-1})$	$\ln A/min^{-1}$	R	$E/(kJ \cdot mol^{-1})$	$\ln A/min^{-1}$	R
10	161.3	29.11	−0.9860	983.4	160.34	−0.9743
20	158.0	25.00	−0.9874	883.5	179.00	−0.9631
30	143.4	26.55	−0.9874	761.9	136.34	−0.9612
50	136.3	29.93	−0.9866	627.4	108.84	−0.9582

注：$\beta = 10K \cdot min^{-1}$ 时第一阶段的温度区间为 433～641K，第二阶段温度区间为 641～673K。
$\beta = 20K \cdot min^{-1}$ 时第一阶段的温度区间为 447～645K，第二阶段温度区间为 645～675K。
$\beta = 30K \cdot min^{-1}$ 时第一阶段的温度区间为 460～652K，第二阶段温度区间为 652～693K。
$\beta = 50K \cdot min^{-1}$ 时第一阶段的温度区间为 478～642K，第二阶段温度区间为 642～720K。

表 2.22 和表 2.23 是含水率为 15%、粒径为 0.2～0.3mm 条件下，落叶松树皮颗粒的热解动力学方程。

表 2.22　不同升温速率下落叶松树皮第一阶段 Coats-Redfern 热解动力学方程

$\beta/(K \cdot min^{-1})$	热解动力学方程
10	$\ln(((1/(1-\alpha))^{1/3}-1)^2/T^2)=\ln(1-10.5\times10^{-5}T)-19009/T+16.956$
20	$\ln(((1/(1-\alpha))^{1/3}-1)^2/T^2)=\ln(1-12.2\times10^{-5}T)-16399/T+12.296$
30	$\ln(((1/(1-\alpha))^{1/3}-1)^2/T^2)=\ln(1-11.6\times10^{-5}T)-17256/T+13.796$
50	$\ln(((1/(1-\alpha))^{1/3}-1)^2/T^2)=\ln(1-10.3\times10^{-5}T)-19415/T+17.063$

表 2.23　不同升温速率下落叶松树皮第二阶段 Coats-Redfern 热解动力学方程

β/(K·min^{-1})	热解动力学方程
10	$\ln(((1/(1-\alpha))^{1/3}-1)^2/T^2)=\ln(1-1.88\times10^{-5}T)-106314/T+146.46$
20	$\ln(((1/(1-\alpha))^{1/3}-1)^2/T^2)=\ln(1-1.69\times10^{-5}T)-118345/T+164.32$
30	$\ln(((1/(1-\alpha))^{1/3}-1)^2/T^2)=\ln(1-2.18\times10^{-5}T)-91685/T+121.92$
50	$\ln(((1/(1-\alpha))^{1/3}-1)^2/T^2)=\ln(1-2.65\times10^{-5}T)-75494/T+94.61$

通过表 2.21 可以得出含水率为 15%、粒径为 0.2～0.3mm 的落叶松树皮颗粒的平均热解表观活化能为 481.9kJ·mol^{-1}。这为进行喷动循环流化快速热解系统反应器设计提供热解所需能量的技术参考。

图 2.18～图 2.25 为实验测得的落叶松树皮热解转化率与温度的两阶段曲线和热解动力学方程预测的转化率与温度的两阶段曲线。从相关系数看出落叶松树皮热解动力学方程能够描述实际的热解过程。

图 2.18 和图 2.19 为升温速率 $\beta=10$K·min^{-1} 两阶段下的落叶松树皮热解动力学方程预测曲线和实验数据曲线。

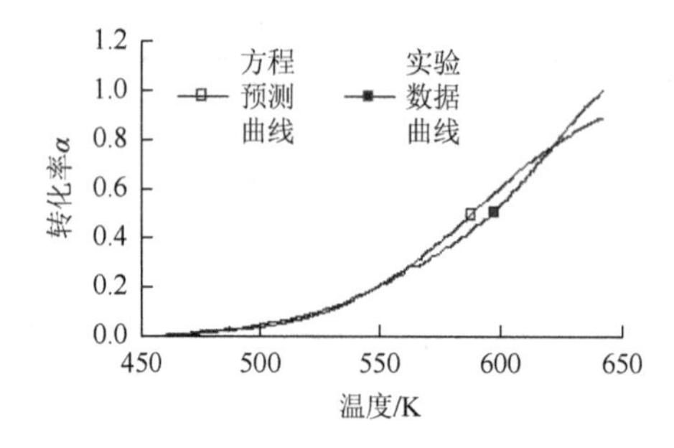

图 2.18　第一阶段曲线（相关系数 0.9896，$\beta=10$K·min^{-1}）

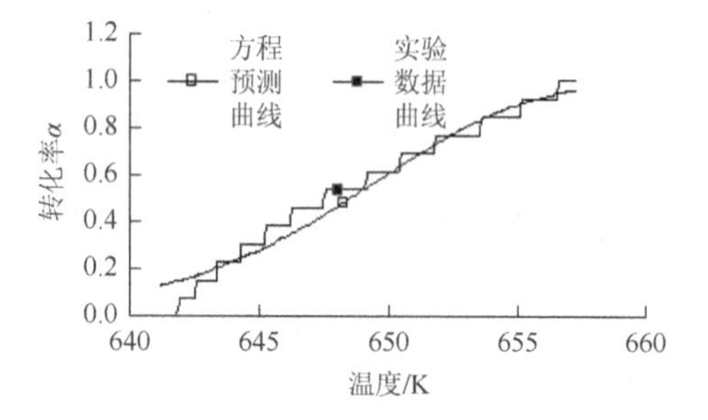

图 2.19　第二阶段曲线（相关系数 0.9945，$\beta=10$K·min^{-1}）

图 2.20 和图 2.21 为升温速率 $\beta=20$K·min^{-1} 两阶段下的落叶松树皮热解动力学方程预测曲线和实验数据曲线。

图 2.22 和图 2.23 为升温速率 $\beta=30$K·min^{-1} 两阶段下的落叶松树皮热解动力学方程预测曲线和实验数据曲线。

图 2.24 和图 2.25 为升温速率 $\beta=50$K·min^{-1} 两阶段下的落叶松树皮热解动力学方程预测曲线和实验数据曲线。

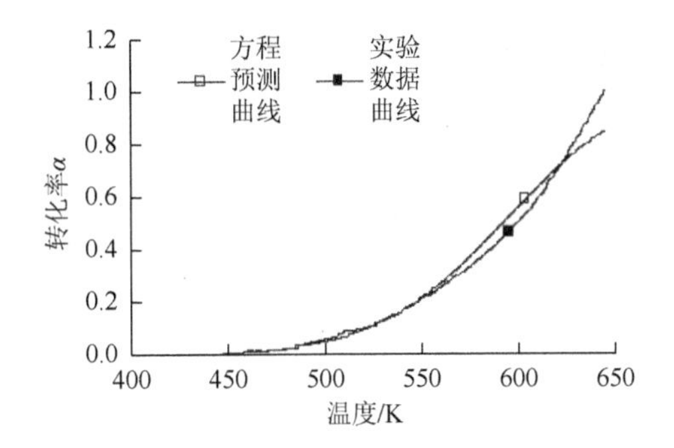

图 2.20　第一阶段曲线（相关系数 0.9747，$\beta = 20\text{K}\cdot\text{min}^{-1}$）

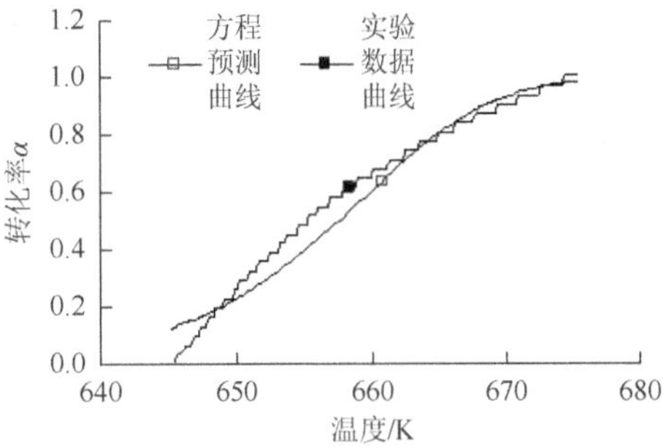

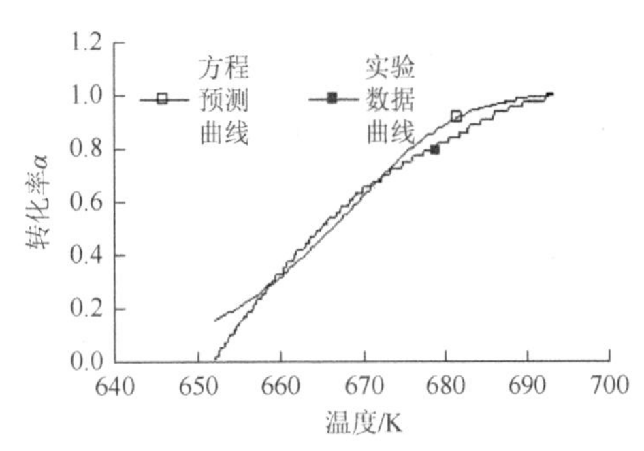

图 2.21　第二阶段曲线（相关系数 0.9950，$\beta = 20\text{K}\cdot\text{min}^{-1}$）

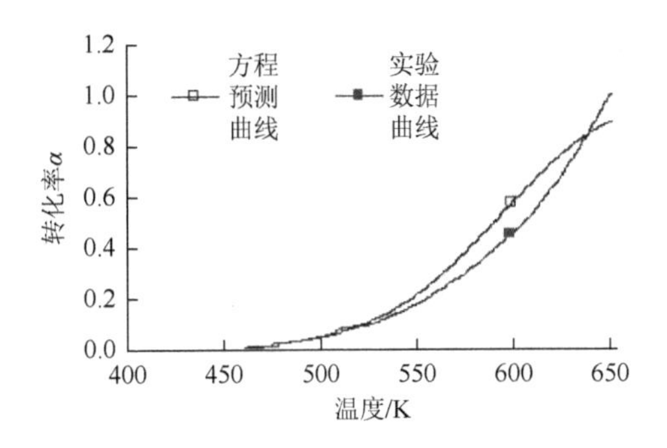

图 2.22　第一阶段曲线（相关系数 0.9828，$\beta = 30\text{K}\cdot\text{min}^{-1}$）

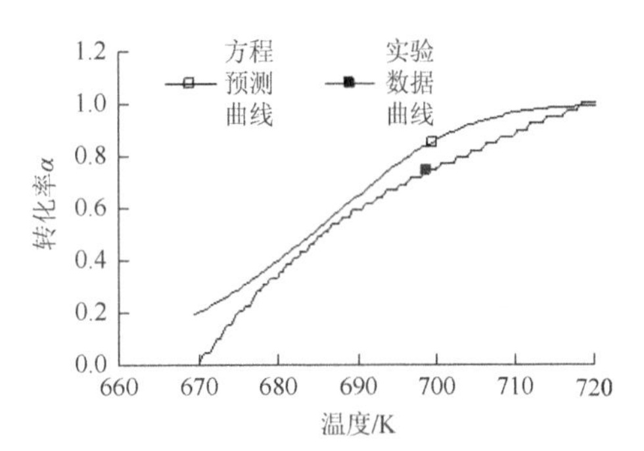

图 2.23　第二阶段曲线（相关系数 0.9933，$\beta = 30\text{K}\cdot\text{min}^{-1}$）

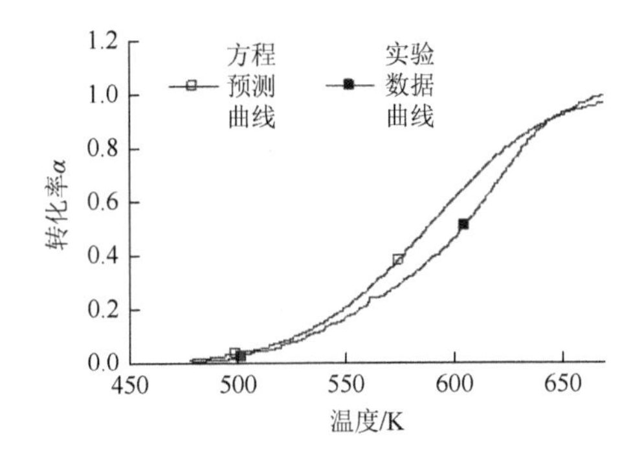

图 2.24　第一阶段曲线（相关系数 0.9898，$\beta = 50\text{K}\cdot\text{min}^{-1}$）

图 2.25　第二阶段曲线（相关系数 0.9918，$\beta = 50\text{K}\cdot\text{min}^{-1}$）

2. 落叶松实木热解动力学方程

表 2.24 是含水率为 15%、粒径为 0.2～0.3mm 条件下，落叶松实木的热解动力学方程。

表 2.24　Coats-Redfern 法计算的不同升温速率落叶松实木热解动力学方程

β/(K·min^{-1})	表 2.7 中第 6 个机理函数建立的热解动力学方程
10	$\ln(((1/(1-\alpha))^{1/3}-1)^2/T^2)=\ln(1-7.55\times10^{-5}T)-26501.81/T+28.59$
20	$\ln(((1/(1-\alpha))^{1/3}-1)^2/T^2)=\ln(1-7.40\times10^{-5}T)-27042.12/T+27.48$
30	$\ln(((1/(1-\alpha))^{1/3}-1)^2/T^2)=\ln(1-7.34\times10^{-5}T)-27240.67/T+27.85$
50	$\ln(((1/(1-\alpha))^{1/3}-1)^2/T^2)=\ln(1-7.24\times10^{-5}T)-27620.94/T+27.39$

图 2.26～图 2.29 为实验测得的落叶松实木转化率与温度的曲线和热解动力学方程预测的转化率与温度的曲线。从相关系数看出落叶松实木热解动力学方程能够描述实际的热解过程。

图 2.26 为升温速率 $\beta=10\text{K}\cdot\text{min}^{-1}$ 下落叶松实木热解动力学方程曲线和实验数据曲线。

图 2.27 为升温速率 $\beta=20\text{K}\cdot\text{min}^{-1}$ 下落叶松实木热解动力学方程曲线和实验数据曲线。

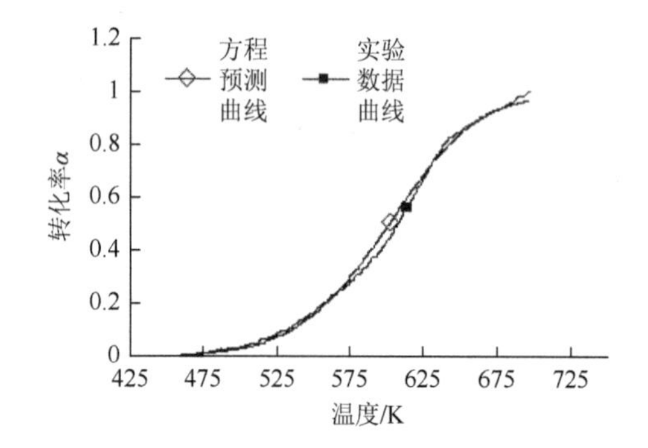

图 2.26　方程预测曲线、实验数据曲线（相关系数为 0.9983，$\beta=10\text{K}\cdot\text{min}^{-1}$）

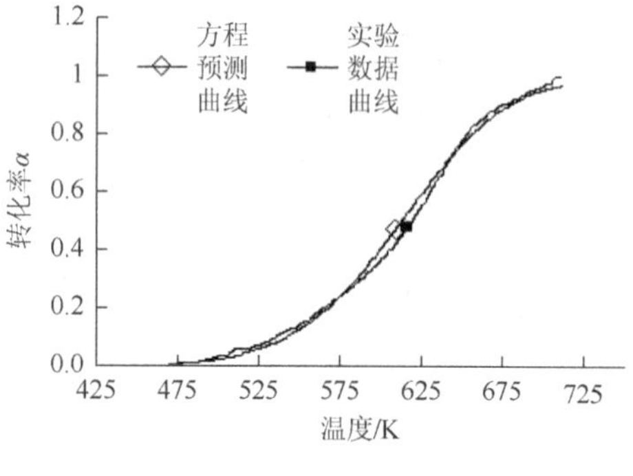

图 2.27　方程预测曲线、实验数据曲线（相关系数为 0.9979，$\beta=20\text{K}\cdot\text{min}^{-1}$）

图 2.28 为升温速率 $\beta=30\text{K}\cdot\text{min}^{-1}$ 下落叶松实木热解动力学方程曲线和实验数据曲线。

图 2.29 为升温速率 $\beta=50\text{K}\cdot\text{min}^{-1}$ 下落叶松实木热解动力学方程曲线和实验数据曲线。

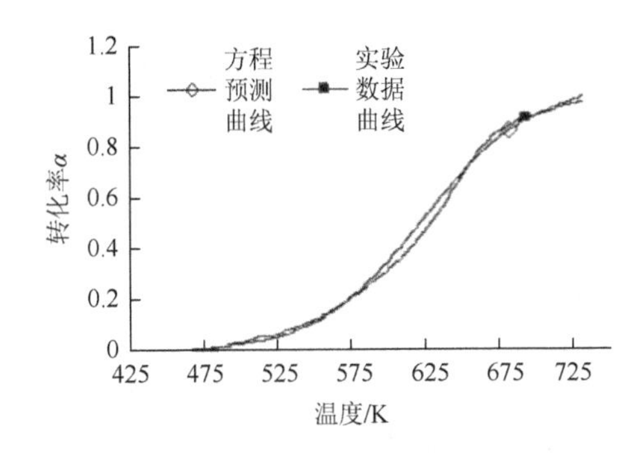

图 2.28　方程预测曲线、实验数据曲线（相关系数为 0.9980，$\beta = 30\mathrm{K \cdot min^{-1}}$）

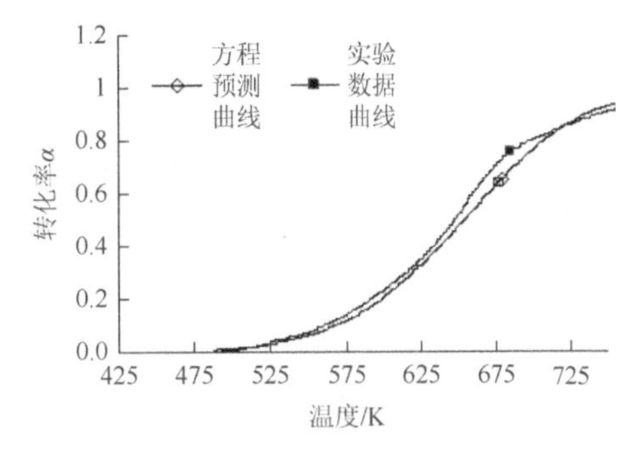

图 2.29　方程预测曲线、实验数据曲线（相关系数为 0.9972，$\beta = 50\mathrm{K \cdot min^{-1}}$）

2.5　落叶松木材热解动力学模型的优点

本章为了选取出一个最为接近事实的机理函数，先列出 22 种典型的气固反应的机理模型，对这 22 种不同机理函数采用 Coats-Redfern 法进行线性拟合，比较 22 种直线方程的相关系数，再结合 Flynn-Wall-Ozawa 法、双外推法、Popescu 法和作者提出的特征相关法来确定最有可能的机理函数，通过多种方法进行判断，克服每种方法的判断误差，从而确定最接近落叶松木材热解真实情况的热解机理函数。其中采用特征相关法避开了从线性角度判断热解机理函数，避免了直线拟合可能产生的误差，直接通过热解动力学方程预测曲线与实验曲线相比较，通过相关系数判断热解动力学机理函数。这种方法简化常规确定热解机理函数的过程，降低了常规确定热解机理函数由于过程的复杂性所带来的判断误差。

2.6　本 章 小 结

（1）对落叶松木材在 473～873K 范围内进行热重实验。结果表明，热解主要阶段在 420～720K 范围内，此温度区内落叶松树皮挥发分析出量约占整个实验温度区析出量的 87%～91%，实木挥发分析出量约占整个实验温度区析出量的 91%～95%。实木的 DTG 峰温滞后落叶松树皮 DTG 峰温 25K。

（2）落叶松树皮 DTG 峰最大值为$-0.47\% \cdot \mathrm{K}^{-1}$，实木 DTG 峰最大值为$-0.93\% \cdot \mathrm{K}^{-1}$。实木的热解转化率大于落叶松树皮的热解转化率。

（3）升温速率升高使 TG 和 DTG 曲线向高温侧移动，热解主要阶段变宽，通过 DTA 曲线得出，随升温速率增加，单位质量落叶松树皮及实木颗粒热解过程中吸放热量减少，且与升温速率呈线性相关。落叶松树皮热解单位吸热量大于实木热解单位吸热量，而落叶松树皮的单位热解放热量小于实木的单位热解放热量。

（4）以温度 656K 为分界点，含水率对落叶松树皮热解特性的影响存在差异明显的两个区间。656K 以下时，在热解反应阶段，含水率对热解转化率没有影响；在 656K 以上时，含水率 15%～35%范围内，落叶松树皮热解转化率基本相同，且高于含水率为 5%的落叶松树皮。

（5）粒径增大，DTG 峰温增加。在实验粒径范围内，DTG 峰值在–0.416～–0.453%·K^{-1}之间。粒径增加，DTG 绝对值减少。

（6）通过 Coats-Redfern 法、Flynn-Wall-Ozawa 法、双外推法、Popescu 法和特征相关法对现有的 22 个机理函数进行筛选，确定了落叶松木材热解动力学机理函数为三维扩散模式，即 $F(\alpha)=\{[1/(1-\alpha)]^{1/3}-1\}^2$，$\alpha<1$。建立了落叶松木材热解动力学方程，落叶松树皮的热解过程采用两阶段热解动力学方程描述，实木热解过程采用一阶段热解动力学方程描述。方程能很好地描述落叶松热解过程，预测不同热解温度下的转化率，为研究落叶松木材快速热解动力学奠定了基础。

（7）提出了特征相关法确定机理函数的方法。此方法直接采用曲线比较，简化了通常确定热解机理函数的烦琐过程，避免了推导过程中由于简化而产生的误差，使得热解动力学模型更为直观简洁。

（8）落叶松树皮热解过程中单位吸热量为 699kJ·kg^{-1}，实木单位吸热量为 1290kJ·kg^{-1}。

第3章 喷动循环流化床快速热解系统

性能良好的快速热解设备是实现生物油高得率、高活性、植物酚高含量和低成本的重要保障。在综合分析国内外快速热解方式和设备优缺点的基础上，研制开发全自动控制、进料量为25kg·h^{-1}的流态化-旋风烧蚀双反应器喷动循环流化床快速热解新型系统。

在喷动循环流化床反应器的设计中，提出了平衡区和热解反应区的新概念，开发了二次进料和旋风分离相结合新技术，由此将流态化与旋风烧蚀两种快速热解方式有机结合起来，实现了流态化旋风烧蚀双反应器快速热解。实验证明：该系统具有操作简便、反应平稳、加热速率快、物料受热均匀等优点，可为进一步工业化生产提供科学依据。

3.1 喷动循环流化床快速热解系统总体思路

本系统由七部分组成，包括喷动循环流化床反应器、进料装置（螺旋进料器）、旋风烧蚀反应器、加热系统、冷凝系统、流化气体循环系统及控制系统，如图3.1所示。

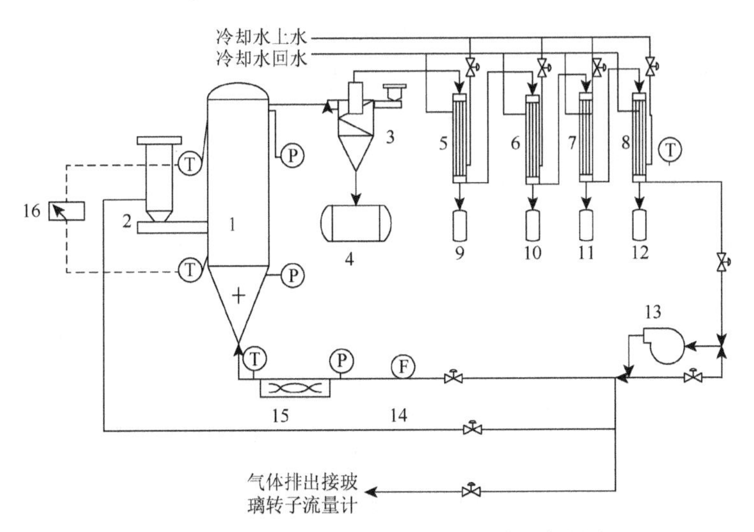

图3.1 喷动循环流化床快速热解系统流程图

1. 喷动循环流化床反应器；2. 螺旋进料器；3. 旋风烧蚀反应器（旋风分离器）；4. 集炭箱；5. 一次冷凝器；6. 二次冷凝器；7. 三次冷凝器；8. 四次冷凝器；9. 液体收集瓶1；10. 液体收集瓶2；11. 液体收集瓶3；12. 液体收集瓶4；13. 罗茨风机；14. 流量计；15. 加热器；16. 测试控制装置；T. 温度检测点；P. 压力检测点；F. 流量检测位置

基础设计参数见表 3.1～表 3.5。

表 3.1　流化床设计主要参数

进料量 $Q/(kg·h^{-1})$	工作温度 T_w/K
25	873

表 3.2　生物质的物性参数

生物质物性	落叶松树皮	落叶松实木
粒径 d_b/mm	0.045	0.045
堆积密度 $\rho_s'/(kg·m^{-3})$	157	157
比热容 $c_b/(J·kg^{-1}·K^{-1})$	750	750

表 3.3　流化气体相关物性参数

物质	温度 T/K	密度 $\rho_a/(kg·m^{-3})$	运动黏度 $\nu_a/(10^{-5}m^2·s^{-1})$	动力黏度 $\mu_a/(10^{-5}Pa·s)$	等压比热容 $c_P/(10^3J·kg^{-1}·K^{-1})$
流化气体	293	1.29	1.57		1.04
	873	0.433	8.54	3.0901	1.14

表 3.4　惰性介质沙子的相关物性参数

物质	温度 T/K	密度 $\rho_s/(kg·m^{-3})$	堆积密度 $\rho_s'/(kg·m^{-3})$	粒径 $d_s/(mm)$	比热容 $c_s/(10^3J·kg^{-1}·K^{-1})$
沙子	293	2580	1580	0.45	0.882
	873	2400			

表 3.5　热解产物分配表

气态油和水蒸气		不凝气体		固体炭	
产率/%	产量/$(kg·h^{-1})$	产率/%	产量/$(kg·h^{-1})$	产率/%	产量/$(kg·h^{-1})$
50	12.5	30	7.5	20	5

喷动循环流化床快速热解系统工作流程为：流化气体由罗茨风机（13）驱动，经过涡街流量计（14）进入气体加热器（15），预热后的流化气体进入喷动循环流化床反应器内，使沙子和生物质在流化气体的作用下充分接触，进行热解，产生的热解气和炭粉与流化气体一起进入旋风烧蚀反应器（3），这时由喷动循环流化床反应器出来的高温、高速的气体和炭带动由旋风烧蚀反应器上的二次进料器进入的物料，沿着旋风烧蚀反应器的壁内侧旋转向下滑动，当物料滑到旋风烧蚀反应器底部时，完成物料的旋风烧蚀热解过程和气固分离过程。这时产生的热解气和来自于喷动循环流化床反应器的热解气由旋风烧蚀反应器出口进入冷凝器（5～8）进行冷凝，热解产生的炭落入集炭箱（4），流化气体和热解气通过冷凝器获得生物油，不冷凝的气体被收集或排到空气中。

3.1.1　喷动循环流化床反应器

喷动循环流化床反应器是整个喷动循环流化床快速热解系统的最重要的组成部分。生物质在反应器中的流化状态、反应温度控制以及气体快速析出，是反应器设计关键问题。与其他种类的反应器相比，喷动循环流化床反应器具有环隙区无死区（可避免易黏颗粒在环隙区团聚）、传热传质效果好、气体循环速度快、操作灵活、易于工业放大等特点，是目前最有发展潜力的快速热解制取生物油的反应器之一。

为了计算喷动循环流化床反应器体积，使反应器具有良好流化状态，需确定如下参数。

1. 临界流化速度 U_{mf}（金涌等，2001）

临界流化速度又称起始流化速度，是指当流体流过床层时的阻力等于床层中单位截面上颗粒重力时的流体速度。流体通过床层时压降为

$$\frac{dP}{dh}=\frac{1-\varepsilon}{\phi_s d_s \varepsilon^3}\left[150\frac{(1-\varepsilon)\mu_a U}{\phi_s d_s}+1.75\rho_a U^2\right] \tag{3.1}$$

式中，U——表观速度，$m \cdot s^{-1}$；

ε——床层空隙率；

ϕ_s——颗粒形状系数。

开始流化时单位床层截面上单位高度中颗粒的重力为

$$\frac{W}{Ah}=\frac{dP}{dh}=(1-\varepsilon_{mf})(\rho_s-\rho_a) \tag{3.2}$$

式中，A——床层截面积，m^2；

ε_{mf}——开始流化时床层空隙率。

开始流化时流体流过床层时的阻力等于床层中单位截面上颗粒重力，合并式（3.1）和式（3.2）并将式中的 U 记做 U_{mf}，可得

$$Re_{mf}=(aAr+b^2)^{0.5}-b \tag{3.3}$$

式中，Re_{mf}——临界雷诺数，$Re_{mf}=d_s\rho_a U_{mf}/\mu_a$；

$a=0.57\phi_s\varepsilon_{mf}^3$；

$b=49.2(1-\varepsilon_{mf})/\phi_s$；

Ar——阿基米德数（表示浮力与重力之比），$Ar=\dfrac{d_s^3\rho_a(\rho_s-\rho_a)g}{\mu_a^2}$，$Ar=$ 991.5（本系统）。

根据各种颗粒在广泛的范围内的试验数据确定 a 和 b，其中 $a = 0.0408$，$b = 33.7$（金涌等，2001）。由此，式（3.1）便可以简化为

$$\frac{d_{\rm s} U_{\rm mf} \rho_{\rm a}}{\mu_{\rm a}} = \left[(33.7)^2 + 0.0408 \frac{d_{\rm s}^3 \rho_{\rm a} (\rho_{\rm s} - \rho_{\rm a}) g}{\mu_{\rm a}^2} \right]^{0.5} - 33.7 \tag{3.4}$$

将上述的已知条件代入可求得临界流化速度为$U_{\rm mf} = 0.094{\rm m \cdot s^{-1}}$。

2. 颗粒的带出速度U_t

颗粒的带出速度是指颗粒被带走的最小流化速度，在此速度时颗粒所受的浮力、阻力和重力达到平衡，由此平衡便可求得U_t。

$$U_t = \sqrt{\frac{2d_{\rm s}(\rho_{\rm s} - \rho_a) g Re^{0.5}}{15\rho_{\rm a}}} \quad (0.4 < Re < 500) \tag{3.5}$$

而雷诺数表示惯性力与黏性力之比：

$$Re = \frac{\rho_{\rm a} U_{\rm t} d_{\rm s}}{\mu_{\rm a}} \tag{3.6}$$

由上式可以计算出$U_t = 4.116{\rm m \cdot s^{-1}}$。

3. 空塔速度

空塔速度即喷动循环流化床操作速度，取决于流化指数和临界流态化的表观速率，原则上，流态化操作速度U介于临界流化速度$U_{\rm mf}$和带出速度U_t之间，而对于粒径小的床料，操作速度可选取较大值。

若流化指数为N（戴维森和哈里森，1981），则$N = \frac{U}{U_{\rm mf}}$，当$Ar < 10^3$时N取6～10，这里取$N=6$：$U = NU_{\rm mf} = 6 \times 0.094 = 0.564{\rm m \cdot s^{-1}}$。

4. 床径

喷动循环流化床直径的大小对反应器的性能影响显著。如果床径取得过大则所需要的流化风量就较大，对气体输送设备的要求也就越高；若床径取得过小，反应器的性能就不能完全发挥而且容易产生节涌现象。

反应器主体分为两段设计，上段是平衡区，下段是热解反应区。分段设计可将未热解完全的大颗粒的生物质在通过流化床热解反应器的平衡区时，由于流化速度的突然降低，减小上升速度，物料回落到反应区，从而充分热解（图 3.2）。分段式设计很好地解决了固相滞留时间受气相滞留时间控制的问题，目前还未见到分段式流化床设计。这里选取上段直径$D_{\rm F2} = 210{\rm mm}$，下段直径$D_{\rm F1} = 150{\rm mm}$（均指床体内径），因为150mm是流化床反应器易放大的最小直径。

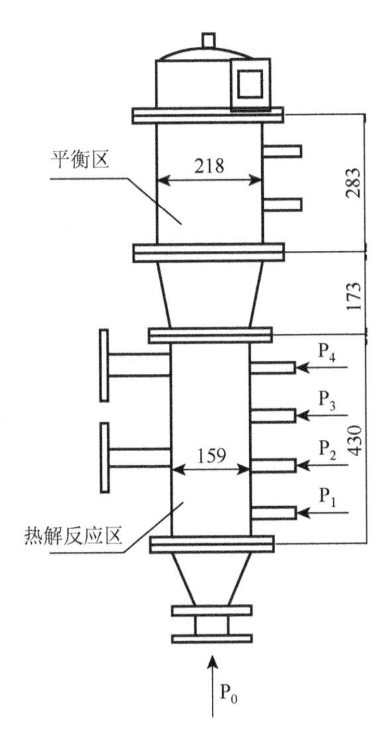

图 3.2　流化床反应器结构图（单位：mm）

5. 密相段高度 H_s（岑可法等，1998）

床的密相段一般集中在流化床的下半部，是气固两相进行反应的主要区域，密相段高度不但对反应器高度的设计有影响，而且对生物质热解程度及最终产油率产生影响。为了确定密相段高度，首先要确定膨胀比 R，计算公式如下：

$$R = \frac{1-\varepsilon_0}{1-\varepsilon} \tag{3.7}$$

式中，ε_0——初始空隙率；

ε——操作空隙率。

反应器初始空隙率和操作空隙率计算见式（3.8）和式（3.9）：

$$\varepsilon_0 = 1 - \frac{\rho_s'}{\rho_s} \tag{3.8}$$

$$\varepsilon = 1.39\left[\frac{\mu_a \cdot U}{d_s^2(\rho_s - \rho_s')g}\right]^{0.12} \tag{3.9}$$

将数值代入式（3.7）、式（3.8）、式（3.9），得到膨胀比 $R = 3.3$。

密相段高度：

$$H_s = RH_E = 0.33\text{m} \tag{3.10}$$

式中，H_E——床料的堆积高度，100mm。

6. 反应器体积

喷动循环流化床反应器体积包括两部分：反应器内气体的体积与床层的体积。

反应器内气体由流化气体、不凝气体与气态生物油组成，其中不凝气体和气态生物油成分十分复杂，参考 873K 时柴油与汽油的蒸气密度（巴苏和弗雷泽，1994；冯胜，1993），取不凝气体和气态生物油混合气体的密度为 0.57kg/m^3。按不凝气体与气态生物油的产率 80%计，喷动循环流化床反应器内气体流量为

$$Q_g = Q_0 + Q_f$$

式中，Q_0——反应器内生物质热解产生的气相产物的体积流量，$\text{m}^3\cdot\text{h}^{-1}$，$Q_0 = Q\times 0.8/0.57 = 35.1$（$\text{m}^3\cdot\text{h}^{-1}$）；

Q_f——进入流化床反应器气体的体积流量，$\text{m}^3\cdot\text{h}^{-1}$，$Q_f = U\cdot\pi\cdot\left(D_{F1}/2\right)^2 = 35.86$（$\text{m}^3\cdot\text{h}^{-1}$）。

得到 $Q_g = 70.96\text{m}^3\cdot\text{h}^{-1}$。

反应器体积确定：

$$V = V_g + V_s$$

式中，$V_g = Q_g\cdot t$；

$V_s = H_E\cdot\pi\left(D_{F1}/2\right)^2$；

D_{F1}——流化床反应器反应区直径，0.15m；

V_g——流化床内气体的体积，m^3；

V_s——流化床内床层的体积，m^3；

t——流化床内气体停留时间，取 $t = 1\text{s}$。

则 $V = 0.0215\text{m}^3$。

7. 反应器高度

根据密相区高度 $H_s = 0.33\text{m}$，考虑到稀相区的高度，反应区高度设计为 0.43m，根据流化床反应器的体积 V 并结合反应器尺寸确定流化床反应器平衡区的高度为 0.28m。因此流化床热解反应器的主体尺寸如下：

下段反应区：150mm×430mm，即筒体内径 $D_{F1} = 150\text{mm}$，高 430mm；

上段平衡区：210mm×280mm，即筒体内径 $D_{F2} = 210\text{mm}$，高 280mm；

中间过渡段高 173mm。

反应器制造材料为不锈钢（1Cr18Ni9Ti）。最高耐热温度为1473K，在873～1073K范围内可以长时间使用并且具有耐酸耐腐蚀性。

8. 布风板

布风板对流态化质量有较大影响，气流分布不均匀将导致床层内出现环流，甚至沟流、死床。因此，良好的布风板设计能有效增进流化质量，提高反应器效率。经过试验，最终确定布风板的孔径为4mm，开孔率为0.17，为防止床料滑落，在布风板上面放一层120目的不锈钢网。

3.1.2 进料系统

进料系统为喷动循环流化床反应器提供均匀稳定的物料，保证快速热解反应的顺利运行。该部分主要由料仓、螺旋进料器和可调速电动机等辅助设备组成。螺旋进料器由可调速电机带动，通过调整电机转速来控制进料量。

为了满足喷动循环流化床反应器的输送量$Q = 25\text{kg}\cdot\text{h}^{-1}$的进料要求，使螺旋进料器具有进料线性度好，精度高，可控性强，可多点进料、多点卸料，防止气体泄漏、污染物渗入，在正压或微真空下也能正常工作，构造简单、易于操作等特点。根据《机械工程手册》（1979）及梁庚煌（1983）的研究，对螺旋进料器进行设计，参数如下。

螺旋轴长度：$L_s = 900\text{mm}$；

螺旋轴外径：$D = 38\text{mm}$；

螺旋轴内径：$d_L = 12\text{mm}$；

螺距：$t = 30.4\text{mm}$；

螺旋升角：$\alpha = 45°$；

叶片厚度：1mm；

螺旋轴转速：$n = 190\text{r}\cdot\text{min}^{-1}$；

功率：$P_r = 191.36\text{W}$；

本设计选取实体螺旋面叶片，螺旋输送器水平布置；

电机选择：调速电机（型号YY100-200，功率200W）。

3.1.3 旋风烧蚀反应器（旋风分离器）

其设计思想为：为了利用喷动循环流化床反应器产生的高速热解气的部分热量和热解气动能，在常规旋风分离器的基础上，在进气口处设置二次进料装置，将二次进料和旋风分离相结合，实现二次进料的旋风烧蚀快速热解。旋风烧蚀反应器具有两种功能：气固分离作用和旋风烧蚀作用。

旋风烧蚀反应器的设计一方面可降低流化床产生的热解气体进入冷凝器的温度，减少了冷凝器的负荷；更重要的是有效利用了流化床产生的热解气体热量加热二次进料，二次进料在旋风分离器内进行旋风烧蚀快速热解，这样在不增加循环气体动力的情况下，增加了进料量，提高了热解能力，降低了单位物料的能量消耗。

旋风烧蚀的工作原理为：物料由二次进料装置进入旋风烧蚀装置，在循环热气体动力的作用下，受到高速离心力的作用，使物料紧压在气固分离器壁内侧向气固分离器底部旋转滑动。在外壁电加热的作用下，物料颗粒快速热解，热解气相产物与喷动循环流化床反应器热解产生的热解气一起由旋风烧蚀反应器的出口进入冷凝器。热解产生的炭与喷动循环流化床反应器热解产生的炭进入集炭箱。

旋风烧蚀反应器具有以下特点：①集气固分离和物料烧蚀热解于一体。②可有效利用高温热解气体的热量，减少冷凝器的负荷。二次进料进入旋风分离器后，吸收从热解反应器排出的高温热解气体的热量，使其温度降低，从而减少了冷凝器的负荷。同时减少了为使二次进料达到热解温度所需的额外热量。③降低了单位物料热解的动力消耗。在不增加循环气体动力的情况下，使整体热解系统进料量增加，热解能力提高，降低了单位物料的动力消耗。

1. 旋风烧蚀反应器热解气体入口速度

旋风烧蚀反应器设置在喷动循环流化床反应器的平衡段上部，如图 3.1 所示，其入口的速度应在 15～25$\mathrm{m\cdot s^{-1}}$之间，若小于 20$\mathrm{m\cdot s^{-1}}$或超过 25$\mathrm{m\cdot s^{-1}}$则无法达到良好的分离效果（徐明杰和高俊霞，1993；刘建仁，1999）。故取入口速度 $V = 20\mathrm{m\cdot s^{-1}}$ 来设计入口大小。

2. 旋风烧蚀反应器筒径

通常用下式来确定筒径：

$$Q_{\mathrm{g}} = Vtab$$

式中，Q_{g}——进入分离器的气体流量，$\mathrm{m^3/h}$，$Q_{\mathrm{g}} = 70.96\mathrm{m^3\cdot h^{-1}}$；

t——时间，3600s；

V——进口风速，m/s，20$\mathrm{m\cdot s^{-1}}$；

a——进气口横截面的宽度，m，$a = 0.25D$；

b——进气口横截面的高度，m，$b = 0.5D$。

由上式可以算出筒体的直径 D 为 0.089m，取 0.09m，a 为 0.023m，b 为 0.045m。

3. 旋风烧蚀反应器热解气体进口尺寸

旋风烧蚀反应器结构如图 3.3 所示。进口采用矩形进口。矩形管的长度和高度比例须适当，通常宽度越小，临界粒度越小，分离效率越高。但高度越高，为保持气流旋转圈数，必须增加筒体高度。进口方式采用 180°渐开线切向进气口，主要是因为采用此种方式可以减少气流间的干扰，减少进口的压降，可以用在高气量下操作。另外进口角度选择 180°是因为在此角度下分离器可以获得最高工作效率。

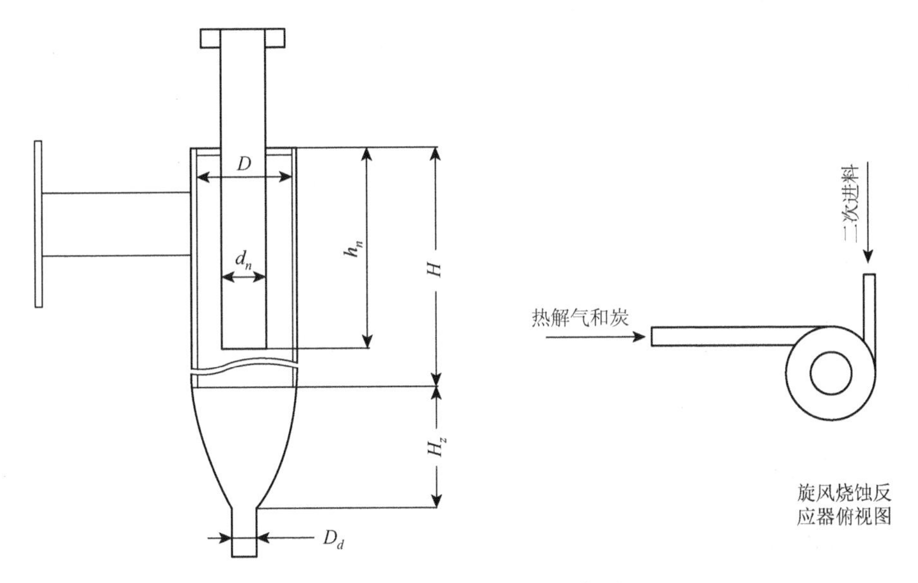

图 3.3　旋风烧蚀反应器结构图

根据筒体直径可以确定进气口的宽度为 $0.25D = 0.023\text{m}$，进气口的高度为 $0.5D = 0.045\text{m}$。

4. 旋风分离器总高度

旋风分离器在高度方向上由筒体和锥体两部分组成，旋风分离器的高度越大，气流在其中旋转的圈数越多，分离效果越好。但高度过高，旋转速度下降，影响分离效果。

当分离器直径不变，筒体部分高度 $H = D$，锥体部分的高度 $H_z = 2D$ 时，可以获得满意的除尘效率。为了提高生物质热解气体与炭的分离效果，需要加大筒体高度，最后取筒体高度 $H = 0.36\text{m}$，锥体高度 $H_z = 0.2\text{m}$，总高度为 $H_X = 0.56\text{m}$。

5. 旋风分离器排气管参数

热解气进入旋风分离器旋转到锥底后，折转向上成为内旋流，然后由排气管排出。排气管与圆筒内壁形成环形通道，环行通道的大小及深度对分离器的分离效果有影响。D/d_n值增大，分离效率增加，阻力也相应增加，适当的比值在2～3之间（巴苏和弗雷泽，1994），设计中排气管选用了直径$d_n = 32\text{mm}$，厚3mm。

排气管的插入深度越小，阻力越小，若不插入除尘器内，阻力最小，但此时旋风分离器效率较差，因为上涡流所携带的炭粒很容易随气流进入排气管排出，从而降低分离效率。设计中，排气管的插入深度要稍低于进气口底部，但不能靠近圆锥部分的上沿。确定排气管的插入深度为$h_n = 0.16\text{m}$。

6. 炭出口直径

为防止核心旋流与器壁接触时将已经分离下来的粒子重新卷起，造成二次夹带，要求炭出口直径D_d不得小于分离器直径的1/4，$D_d \geqslant 0.25D$，取$D_d = 25\text{mm}$。

7. 二次进料口

二次进料口设置在旋风烧蚀反应器热解气体进口处，与热解气体进气通道垂直，依靠螺旋进料器和热解气体流动产生的负压实现二次进料。

3.1.4 冷凝装置

冷凝系统是快速热解系统的重要组成部分，冷凝效果的好坏直接影响热解油产率及品质。本研究采用四次冷凝，冷凝器均是由金属管制成的套管式换热器，管下方分别接有5000mL三口玻璃瓶，这样在反应过程中可以获得不同馏分的热解油，这为进一步对热解油特性分析及调整热解工艺、优化工艺提供了依据。

冷凝装置预期目标如下。

冷凝器采用套管式水冷换热器，热解产物比例分配如下：冷凝产物50%（包括：一次冷凝主要冷凝产物为重油40%、二次冷凝产物9%、三次冷凝产物1%和四次冷凝产物近似0%，生物质热解产生不凝结气体30%，炭20%）。冷凝器采用直管式冷凝，冷凝介质水在冷凝管外流动，热解气在管内流动。大量的生物油主要是从第一次和第二次冷凝器中冷凝下来。

依据相关设计资料对冷凝装置进行设计（黄璐和王保国，2001；师树才等，2003；徐清，2001；韩宝琦和李树林，2002；许为全，1999），设计结果如下。

冷却水流速：$0.2\text{m}\cdot\text{s}^{-1}$；

冷凝管内径：45mm，外径：50mm；

套管内径：60mm；

冷凝管长度：1.5m。

3.1.5　加热系统

1. 喷动循环流化床反应器加热功率 P_{r_1}

喷动循环流化床加热系统采用电加热。加热功率是由生物质和流化气体达到规定温度时所需的热量来决定。

经计算确定加热功率为：$P_{r_1}=15\text{kW}$。

加热系统采用三相电压为 220V 的电阻丝加热，每相功率为 5kW，分三段将电阻丝缠绕在热解反应器上，其中两段在喷动循环流化床反应器的反应区，另外一段在平衡区。由于床层的密相区是在流化床反应器的反应区，所以这个区域加热功率分配较大，为 10kW。由于加热丝容易烧断，因此电源采用三角形接法，可有效避免个别加热丝烧断，从而影响整个反应器工作。

2. 预热装置加热功率 P_{r_2}

在生物质快速热解过程中，流化气体的进入造成温度的不稳定，因此本系统在流化气体进入喷动循环流化床反应器之前，设计了气体预热装置，使流化气体进入喷动循环流化床反应器之前就能被预热到热解反应温度。经计算确定预热器的功率为：$P_{r_2}=12\text{kW}$。

系统加热总功率为：$P_{r_1}+P_{r_2}=27\text{kW}$。

3.1.6　风机

为了确定风机的型号，根据工业通风设计资料（孙一坚，1994；周谟仁，1985），对循环管道阻力和所需风量进行计算，结果如下。

管道阻力：$\Delta P=6195.7\text{Pa}$；

循环风量：$Q=25\text{m}^3\cdot\text{h}^{-1}$；

根据风量 $25\text{m}^3\cdot\text{h}^{-1}$ 和风压 6195.7Pa 选择功率为 4kW，流量为 $60\text{m}^3\cdot\text{h}^{-1}$，风压为 120kPa 的罗茨风机作为流化气体动力源。通过调频器调节罗茨风机的转速，从而调整罗茨风机的输出风量，满足喷动循环流化床反应器对流化气体流量的要求。

3.1.7　控制及测试系统

本研究自行设计了喷动循环流化床快速热解系统的数据采集和自动控制系

统，如图 3.4 所示。其可以对系统运行时各参数实现实时采集，还可以根据不同热解条件，设定反应参数，控制反应过程。工艺流程如图 3.5 所示，整个系统由传感器、数据采集系统、计算机系统、控制系统、执行机构等几部分构成。

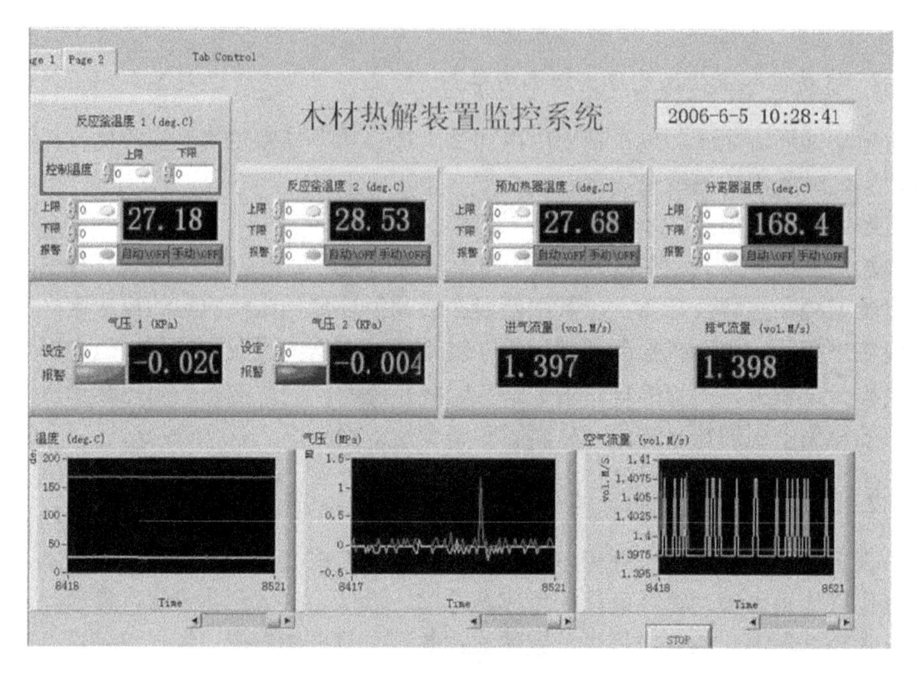

图 3.4　木材热解装置监控系统

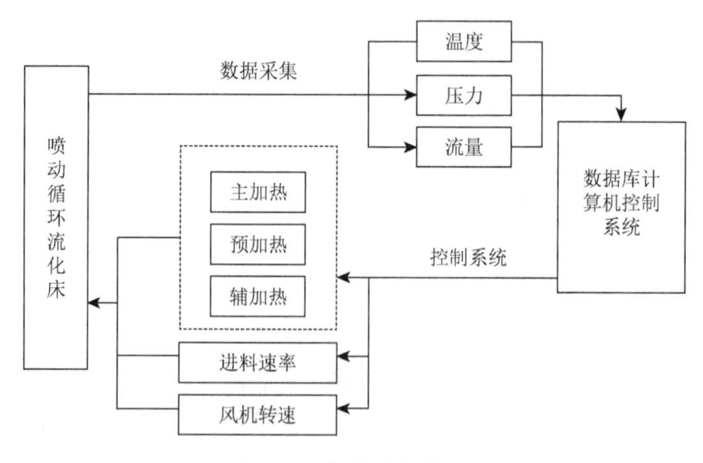

图 3.5　控制系统框图

木材快速热解控制系统对温度、压力和气体流量进行实时监控。喷动循环流化床快速热解系统设有7个测试点。其中包括3个温度测试点和4个压力测试点。3个温度传感器分别测试进入反应器前流化气体的温度、平衡区的温度和热解反应区温度；压力传感器4个测试点均在热解反应区，根据压力差变化曲线，判定反应器内的流化状态。流量的控制通过涡街流量计所采集的数据，对进入反应器的气体流量和排出整个实验装置的气体流量进行实时监控，进而调整进（排）气量。

3.2　喷动循环流化床快速热解系统特点

喷动循环流化床快速热解系统以反应过程中产生的不凝气体（惰性气体）为循环流化气体，避免使用价格昂贵的氮气保护，减少运营成本。不凝气体中富含小分子产物，在一定程度上抑制了不凝气体的形成，即减少二次裂解产生，有利于提高生物油产率。

喷动循环流化床反应器内能实现正负压热解环境，为以不同成分生物油为目标的生产提供实验条件。

喷动循环流化床反应器中安装了特殊设计的气体布风板，既克服了流化床分层或节涌的缺点，又能避免在喷动循环流化床的环隙区内气固两相接触差和高床层下喷动不稳定的缺点。

喷动循环流化床反应器设计平衡区和热解反应区两部分，保证了生物质充分热解，同时平衡区可降低生物油中炭的含量，有利于提高生物油的质量。

在旋风分离器（气-固分离器）上安装了二次进料系统，实现了旋风烧蚀热解。该装置在动力消耗不变的前提下可提高生物油的产量。

设计的喷动循环流化床快速热解系统，不仅可以有效地快速热解生物质，也适合于废旧橡胶、城市垃圾等原料的快速热解处理。

3.3　本 章 小 结

采用系统中自产的惰性气体作为循环流化气体，有利于热解过程向生产生物油方向转化。

提出了平衡区和热解反应区的新概念。根据这两个概念设计的分段式流化床能够使物料热解更为充分，可明显提高生物油产率，并且很好地解决了固相滞留时间受气相滞留时间控制的问题。

提出了二次进料和旋风分离相结合的新技术，由此将流态化与旋风烧蚀两种快速热解方式有机结合起来，研制出了流态化-旋风烧蚀双反应器快速热解新型装置。

自行研制的喷动循环流化床具有环隙区无死区、可避免易黏颗粒在环隙区团聚、传热传质效果好、热解气体停留时间短、工作平稳、操作灵活、易于工业放大等特点，具有广阔的应用前景。

旋风烧蚀反应器的提出，实现了气固分离和旋风烧蚀功能的一体化，扩大了旋风分离器的功能，使热解系统更紧凑，并能有效利用来自喷动循环流化床热解气的热量，加热进入旋风烧蚀反应器内的物料，减少对旋风烧蚀反应器内物料加热的额外热量，起到降低能耗的作用。

第4章　喷动循环流化床快速热解系统性能

喷动循环流化床进行木材快速热解的关键问题之一是物料进入喷动循环流化床反应器后能否处于稳定的流化状态，这关系到喷动循环流化床反应器所具有的反应强度大、传热传质效率高、温度场均匀等优点能否充分发挥出来。另外，在快速热解过程中，工艺参数的确定是由快速热解反应器的类型及其热传递方式所决定的，这些工艺参数的选择直接影响热解过程中的传热与传质、化学反应和相变情况，继而影响热解产物的产率和组成。

为了确定快速热解反应工艺参数的取值范围，必须深入了解喷动循环流化床快速热解系统性能，进而为系统的放大设计及工业化开发提供理论数据。因此，本章主要内容如下：

（1）输料系统性能。

（2）喷动循环流化床反应器冷态流化特性，包括沙子冷态流化特性、落叶松树皮颗粒冷态流化特性、落叶松树皮与沙子混合颗粒冷态流化特性等。

（3）喷动循环流化床反应器热态特性，包括反应器升温速率、进料量对热解温度的影响、反应器压力变化等。

4.1　气固两相流理论

流态化现象是一种由于流体向上流过堆积在容器中的固体颗粒层而使得固体具有一般流体性质的现象。流化质量影响反应器快速热解效率，因此，为了更好地了解喷动循环流化床气固流化特性，本节对气固两相流理论作简要介绍。

4.1.1　气固流化状态

流态化是一种使流体与固体颗粒接触并使整个系统具有流化性质的技术。流化床是实现颗粒流态化的设备。在流化床中，当气体通过布风板，由下而上通过固体颗粒层时，随着流体流速的变化会出现不同的现象。气体流速较低时，固体层中粒子静止不动，流体从粒子空隙间通过，固体层中粒子处于固定床状态。当流速继续增加，流体在床层两端的压力差也将增大。当床层两端压力差达到和床层物料的重力相等时，固体颗粒在气流作用下将转变成类似流体的流动状态，此时的气固两相流称为处于流化床工况下的气固两相流。由固定床工况刚转变为流动床工况的流动状态称为临界流化工况。此时流化床的床层均匀而平稳。随着气体速度进一步提高，床层的均匀和平稳状态受到破坏。在床层内，除了部分均匀疏松的处于临界流化工况的气固两相物料外，还有许多大小不一的气泡，这种流化床称为鼓泡流化床或聚式流化床。在聚式流化床中，气泡上升运动产生的空缺由固体颗粒进行填补。这种强烈的气固两相的相互作用，使固体颗粒时上时下、忽左忽右地强烈脉动，因此床层中的传质和传热过程进行得十分迅速。随着床层内气体速度的增大，气体携带的固体颗粒增多。当气流速度超过一定极限速度，使全部固体颗粒均能随气体流动时，流化床的流动工况即转化为气力输送的流动工况。流化床中气固运动的型式大致是依照气体操作速度为主线进行区分，当气体操作速度不断提高时，依次划分为固定床、均一流化、鼓泡流化、湍动流化、快速流化和稀相输送等几种流型（陈甘棠和王樟茂，1996），相应的状态见图 4.1。

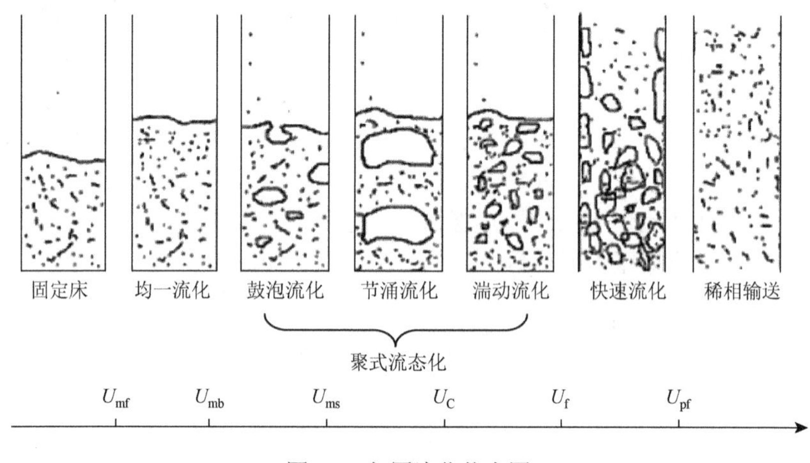

图 4.1 气固流化状态图

流化床快速热解技术应用的是气固流态化中的鼓泡流化状态。

4.1.2 鼓泡床常用的气固两相流动速度

临界流化速度 U_{mf} 指使床层达到流化状态所需的最低线速度（《化学工程手册》编辑委员会，1991）。当气体超过临界流化速度，床层发生搅动，气体鼓泡现象开始出现。开始产生气泡时的气速定义为起始鼓泡速度 U_{mb}。一般来说，在鼓泡流化状态下，流化床床层的压力脉动的幅值随气速的增大而增大，但是试验发现，当气速增大到某一值时，床层中明显的气泡反而消失，床层的压力脉动的幅值变小。颗粒的带出速度 U_t 是颗粒在无限流体中的自由沉降速度。流化床的实际操作流速 U 应选择在临界流化速度与带出速度之间，一般认为操作流速不应小于临界流化速度的 3 倍，床层才能平稳操作。

气体通过颗粒固定床层的流动以颗粒的大小及密度不同而呈不同的流动状态。对低密度小尺寸的颗粒床层，在达到临界流态化前，床层内的流动均维持在层流状态。对高密度大尺寸的颗粒床层，则流动可能进入过渡区或湍流区。因而所产生的压力损失对前者主要是归于气体与颗粒表面的摩擦，而后者主要是归于流道截面积的突然扩大和收缩以及气体对颗粒的撞击。

4.1.3　临界流化速度测试方法

确定临界流化速度的方法有：实验测定、采用经验或半经验关联式计算。尽管实验测定的临界流化速度十分可靠，但在实际应用中多用经验或半经验关联式对临界流化速度进行估算。实验测定可以使用测定床层压降随气速变化的方法。当气速较低时，床层为固定床，ΔP 随气体流速呈直线上升。处于膨胀床状态时，床层的空隙率随流速增加而加大。当 ΔP 增大到等于床层中粒子之间的摩擦阻力，直到 ΔP_{max} 值时，粒子得到松动后压降又重新恢复到 $\Delta P = W/At$。在流化阶段，流速继续增大，床层压降不变。流化点所对应的流速即为临界流化速度 U_{mf}。

床层压力测试如图 4.2 所示。床层压降与气体流速的关系如图 4.3 所示。随着气流速度的提高，压降沿实线 AB 增大，当到达理想流态化压降的点 B 时，实际的床层尚未流态化；继续提高气流速度，相应地增大了压降，同时也使床层膨胀，膨胀的程度约为床层原有高度的 5%～10%；床层空隙率的增大又使压降减小，直至点 C，床层全部流态化。这时，若逐渐降低气流速度，流态化床层便转变为固定床层，其压降将随气流速度沿虚线 CD 变化，而不是按原路 CBA 返回。这是因为，启动时固定床层中的颗粒相互紧靠，空隙率小，颗粒间还有摩擦，气流通过床层时需要的压降较大，而由流态化床层返回固定床层时，颗粒的堆积疏松，空隙率大，又不需要克服颗粒间的摩擦，故气流通过床层时需要的压降较小。由图 4.3 还可看出，从床层流态化的起始点 C 到气力输送的起始点 E，压降是略有增大的，这是由于要克服颗粒在翻滚、腾落过程中的碰撞和摩擦所造成的能量损失。这样，它的压降要大于单位容器截面积床层的重力。

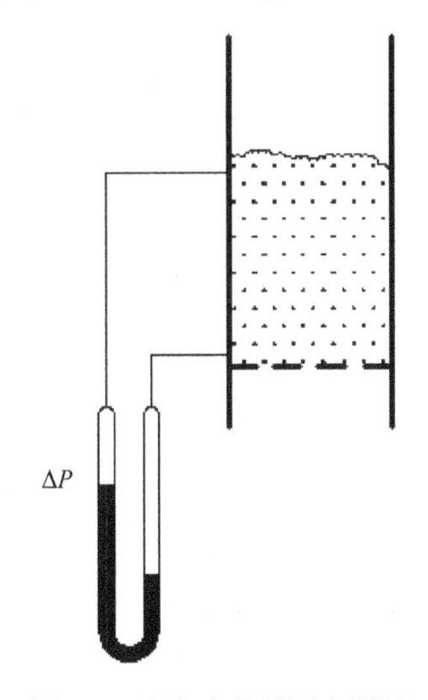

图 4.2　流化床床层压力测试

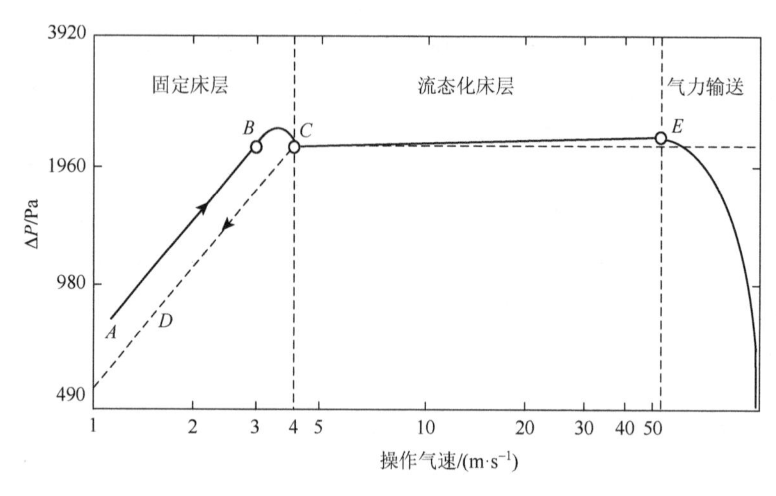

图 4.3　均匀球形颗粒床层的压降

4.2　输料系统性能

进料量是影响快速热解反应的重要工艺参数，不同电机转速和不同物料粒径大小，螺旋进料器进料量也不同。因此，必须掌握进料量与电机转速之间的关系，以便通过调节电机的转速与时间来精确控制进料量。

4.2.1　实验原料与方法

1. 实验原料

兴安落叶松树皮：粒径（d）为 0.2～0.3mm，0.3～0.45mm，0.45～0.9mm，0.9～1.2mm，＞1.2mm；含水率（W）为 10.3%。

2. 实验方法

通过调整电机转速，测量不同粒径大小物料单位时间内进料量。

在螺旋进料器料斗中加入一定量的物料，然后调整螺旋进料器电机的转速，在螺旋进料器螺旋出料口处放一个已经称量过的烧杯，启动螺旋进料器，开始计时，这时，物料颗粒在一定转速的螺旋杆进料器的推动下，源源不断地落入烧杯，当螺旋进料器的螺旋停止转动时，计时停止，这时记下时间和进入烧杯中物料的质量。改变物料粒径大小重复实验操作过程，直到实验完成，通过计算确定不同螺旋转速所对应的各种粒径物料的进料量。

4.2.2　实验结果与分析

进料量与螺旋转速之间的关系如图 4.4 所示。

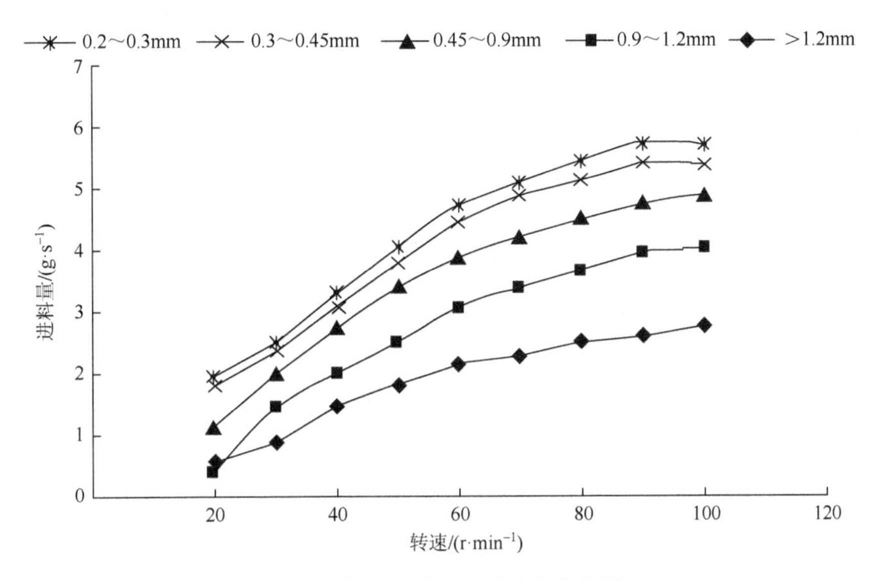

图 4.4　螺旋进料器进料速度曲线图

由图 4.4 可以看出，不论粒径大小，转速与进料量均接近直线关系，转速越快，进料量越大；随转速提高，大粒径的物料进料量小，小粒径的物料进料量大。

4.3　喷动循环流化床反应器冷态流化特性

在快速热解过程中，喷动循环流化床反应器内部流化状态，是评定反应器好坏的重要指标，并且流化质量的好坏影响整个反应进程。为了深入地了解喷动循环流化床流化特性，通过绘制床层压降-操作气速曲线图来描述颗粒的流化状况和判断床层的流化质量，从曲线图中可以反映出临界流化速度，进而确定喷动循环流化床反应器最佳的静床层高、沙子的粒径和操作气速范围。

4.3.1　实验

1. 实验原料及条件

沙子：粒径为 0.2～0.3mm、0.3～0.45mm 和 0.45～0.9mm，密度 $\rho_p = 2660 kg \cdot m^{-3}$。

沙子采取的静床层高 H_0 分别为 50mm、100mm 和 150mm，其高径比分别为 0.33、0.67 和 1。

落叶松树皮：粒径为 0.45～0.9mm。根据文献介绍，粒径小于 1mm 的生物质颗粒热解产生的生物油产量高，所以实验用的落叶松树皮颗粒粒径都小于 1mm。根据流化理论，床料的临界流化速度随着床料粒径的增大而增大，所以只对粒径最大的实验用落叶松树皮颗粒进行了流化特性实验。

落叶松树皮和沙子混合：按体积比 1∶1 混合，粒径为 0.45～0.9mm。体积比为 1∶1，其体积比是根据生物质与沙子的质量比小于 1∶25 计算出来的。

操作气速 U（指通过喷动循环流化床反应器的平均流速）：$0.08\sim1.00\mathrm{m\cdot s^{-1}}$。

2. 实验过程

实验系统如图 3.1 所示，流化气体是室温下的空气。供气系统主要由能够提供流量为 $60\mathrm{m^3\cdot h^{-1}}$，风压为 120kPa 压力的三叶罗茨风机和测量气体流量的涡街流量计组成。测试位置如图 4.5 中 P_1、P_2、P_3 和 P_4 所示，与压力传感器连接的探针插入测压孔中，以测量测压孔处的压力。压力传感器选用 JYB-KO-HVG 型号高精度固态压阻式传感器，量程为–30～+ 30kPa，完全满足实验条件下床内不同位置处的压力量级，其非线性误差、重复性误差、迟滞指标均小于 0.1%。涡街流量计的型号为 LUCB-2-004。与压力传感器相连的数据采集系统主要由同步信号放大器、8 位多通道 A/D 转换板、计算机组成。数据采集系统在采样软件的控制下可以获得各测量点处压力信号。通过信号转换器与计算机进行数据交换，进一步在线获得流量变化与压力的关系。

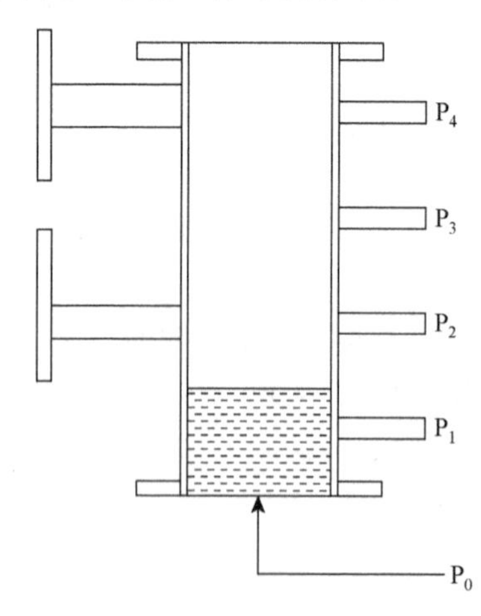

图 4.5　在流化床反应器高度上压力的测试位置

图 4.5 中的管体是图 3.2 中喷动循环流化床反应器下部的热解反应区，管体下部虚线部分表示的是喷动循环流化床反应器内的床料。P_0-P_1 的距离为 50mm，P_1-P_2、P_2-P_3、P_3-P_4 的距离均等，为 100mm。测试值分别为 P_1、P_2、P_3 和 P_4。流化气体从喷动循环流化床反应器下部 P_0 箭头的方向进入流化床反应器，一次通过气体布风板、床料，由喷动循环流化床反应器顶部排出。调整不同的流化气体的流量，即调整流化气体通过床层的流速，同时在不同流化气体流速下分别测试 P_0、P_1、P_2、P_3 和 P_4 处的压力值。做出 P_0 与 P_1、P_2、P_3、P_4 的压力差与流化气体流速的关系曲线。

通过曲线得出各个粒径沙子、落叶松树皮颗粒及落叶松树皮颗粒与沙子混合物的临界流化速度。

4.3.2 实验结果及分析

1. 惰性介质沙子流化特性

1）粒径 0.45～0.9mm 沙子流化特性

喷动循环流化床层高度上不同位置压力与流化气体进口压力差对流化速度的关系如图 4.6、图 4.7、图 4.8 所示。由图可以看出压力差随流化速度的增加而增加，当流化速度达到一定值时，其压力差将不变或升高不大，其曲线拐点处所对应的流化气体速度即为临界流化速度 U_{mf}。在临界流化速度之前流化床反应器不同高度上对流化气体入口处的压力差随流化速度的增加而呈直线增加，这是由于沙子还没有流化，呈固定床状态，气体从沙子之间的空隙中流过，当流化速度继续增加时，沙子在流化气体曳力的作用下，克服自身的重力向上悬浮，沙子此时所受气体曳力和重力相等。这时的速度就是临界流化速度，此时的状态称为流态化。当流化气体速度继续增加时，流化气体相对沙子的速度加大，流化气体的曳力增加，破坏了沙子的受力平衡，沙子将向上移动，这样沙子之间的空隙将加大，致使流化气体在沙子空隙中的速度降低，对沙子的相对速度降低，使流化气体的曳力降低，直到沙粒达到新的受力平衡，沙粒不再向上移动。因此，当流化气体速度在临界流化速度之后继续增加时，流化床高度上各点压力差变化不大，主要是使床层高度增加，使床层的密度减少。压力差稍稍偏高，是由于流化气体克服的沙粒波动阻力而使压力差增加。

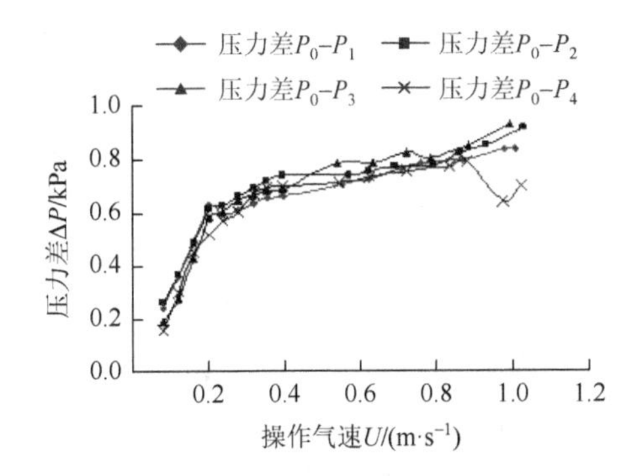

图 4.6　$d = 0.45～0.9$mm、$H_0 = 50$mm 沙子的流化特性曲线

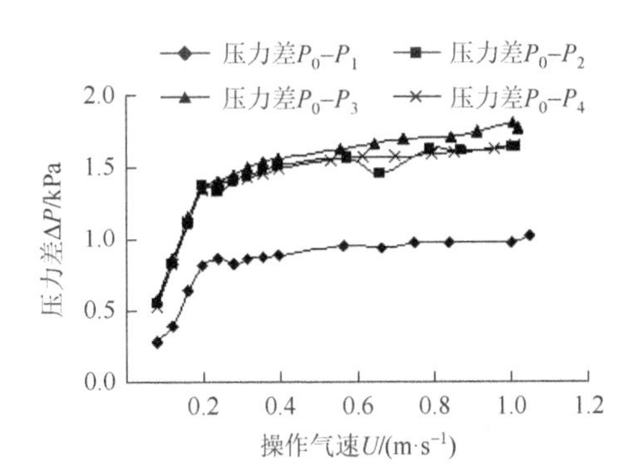

图 4.7　$d = 0.45～0.9$mm、$H_0 = 100$mm 沙子的流化特性曲线

从图 4.6 中可以看到，各曲线基本重合，表明粒径为 0.45～0.9mm、静床层高为 50mm 沙子在流化床反应器内从固定床状态到流化状态，各点的压力是基本上相等的。这主要是由于 50mm 床层太薄，即使沙子流化起来，50mm 以上的流化床层内流体的密度比 50mm 以下流体的密度小很多，几乎可以忽略。图中可以得出粒径为 0.45～0.9mm 沙子的临界流化速度为 $0.197m·s^{-1}$，所对应的床层压力差为 0.619kPa。由附录 3 看出，当 U 为 $0.197m·s^{-1}$ 时，床层只有周围一圈流动起来且宽度为 30mm，高度为 30mm，随着 U 的继续增加，流动起来沙子的宽度在增加，高度在增加，直到 U 达到 $0.62m·s^{-1}$ 时，床层全部流化，且流化床层表面质量很好，流化高度为 130mm。U 增加，使流动起来沙子的面积和高度增加，而通过流动起来沙子之间流化气体的速度增加很慢，致使通过床层气体的压降增加缓慢。

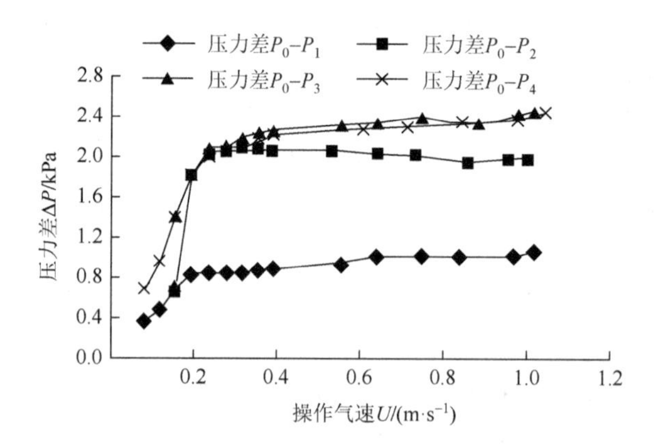

图 4.8　$d = 0.45$～0.9mm、$H_0 = 150$mm 沙子的流化特性曲线

从图 4.7 中看出，只有 P_0–P_1 曲线比其他曲线低，其他曲线基本重合，说明 100mm 静床层高的沙子开始流化的床层表面超过喷动循环流化床反应器第一个测点，但没有超过其他三个测点。当 U 大于 $0.55m·s^{-1}$ 时，床层表面超过第二点，且从图中可以发现，流化床层第二点以下床层的密度是均匀的，第三点与第二点之间床层的密度小于第二点以下床层的密度，且差别很大。这是由于第三点以上基本上接近床层表面，而床层表面大多是粒径很小的沙子。临界流化速度为 $0.197m·s^{-1}$，所对应的床层压力差为 1.338kPa。U 在 0.197～$1.029m·s^{-1}$ 范围内变化，床层压降在 1.338～1.773kPa 变化，床层压降变化不大，流化状态属于流化床范畴。从附录 4 可以看出当 U 为 $0.197m·s^{-1}$ 时，床层表面有 1/2 圈的沙子流动起来，宽度为 50mm，高度为 70mm。随着 U 的增加，流化起来沙子的弧度、宽度和高度增加，直到 U 达到 $0.55m·s^{-1}$ 时，床层全部流化，且高度为 150mm。

图 4.8 曲线和图 4.7 曲线形式基本相同，只是在 U 为 $0.354m·s^{-1}$ 开始，随着 U

的增加 P_0–P_2 曲线与 P_0–P_3、P_0–P_4 曲线分开，说明当 U 超过 0.354m·s^{-1} 时流化床层表面高于第二点。从图中还可以看出第二点以下的流化床层密度均匀，第三点和第二点之间流化床层的密度还是小于第二点以下流化床层的密度，但要大于静床层高 100mm 时第三点和第二点之间流化床层的密度。临界流化速度为 0.197m·s^{-1}，所对应的床层压力差为 2.019kPa。附录 5 表明，当 U 为 0.197m·s^{-1} 时，有 2/3 圈的沙子流动起来，宽度为 70mm，高度为 70mm。随着 U 的增加流动起来沙子的弧度、宽度和高度增加直到 U 为 0.74m·s^{-1} 时，床层全部流化且高度为 200mm。

图 4.6、图 4.7 和图 4.8 临界流化速度以后的曲线接近一条水平直线，说明粒径为 0.45～0.9mm 沙子在流化过程中床层的压降主要由沙子的阻力来决定，而受气体布风板的影响较小。这是由于虽然随着 U 的增加气体布风板的阻力增加，但相比于床层的阻力气体布风板的阻力很小，可以忽略。同时也验证了气体布风板设计的合理性。

由表 4.1 可知，同一粒径沙子的临界流化速度与静床层高 H_0 无关，床层全部流化起来的 U 基本上与 H_0 无关，H_0 只影响流化后床层的高度，流化后床层的高度随 H_0 的增加而增加。

表 4.1　粒径 0.45～0.9mm 沙子流化参数

H_0/mm	U_{mf} /(m·s^{-1})	临界压力差/kPa	速度变化范围/(m·s^{-1})	压力变化范围/kPa	全部流化起来的速度/(m·s^{-1})	全部流化起来的高度/mm	临界流化速度时流化的高度/mm
50	0.197	0.619	0.197～1.029	0.299	0.62	130	30
100	0.197	1.338	0.197～1.029	0.435	0.55	150	70
150	0.197	2.019	0.197～1.029	0.445	0.74	200	70

2）粒径 0.3～0.45mm 沙子流化特性

由图 4.9 可以看出，四条曲线随着 U 的增加平行上升，且间距基本相等，当 U 达到 0.157m·s^{-1} 时，随着 U 的增加各点的床层压力差不变化，当 U 达到 0.236m·s^{-1} 时，各点的床层的压力差随着 U 的增加而增加，这表明粒径为 0.3～0.45mm，H_0 为 50mm 沙子的临界流化速度为 0.157m·s^{-1}，所对应的床层压力差为 0.606kPa。各曲线间距相等说明粒径为 0.3～0.45mm，H_0 为 50mm 的沙子流化过程中第一点到第四点

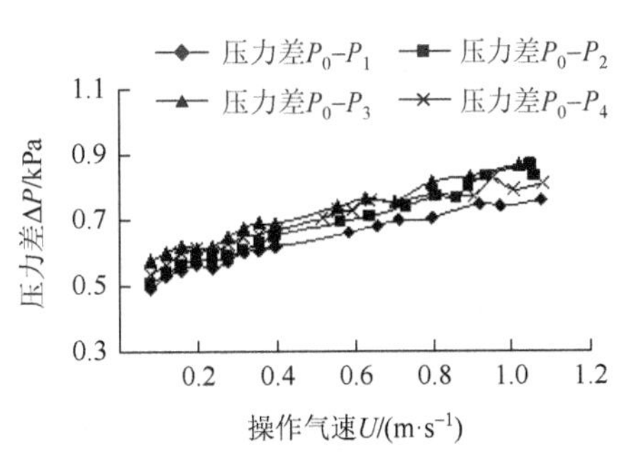

图 4.9　d = 0.3～0.45mm、H_0 = 50mm 沙子的流化特性曲线

之间流化的床层密度是均匀的。第一点以下的区域床层的密度很大，说明流化起来的床层表面只能达到第一点，而第一点之后的床层都是由粒径更小的粒子组成，所以这部分压力差小。而曲线在临界流化速度之后随着 U 的增加呈上升趋势，这主要是由于在粒径为 0.3～0.45mm 沙子的流化床层中，压降受到气体布风板的影响，床层压降的增加主要来源于气体布风板阻力的增加。由附录 6 看出，当 U 为 $0.157\text{m}\cdot\text{s}^{-1}$ 时，床层有周围 7/8 圈流动起来且宽度为 80mm，高度为 50mm，随着 U 的继续增加，流动起来沙子的宽度在增加，高度在增加，直到 $0.64\text{m}\cdot\text{s}^{-1}$ 时，床层全部流化，且流化床层表面质量很好，流化高度为 180mm。

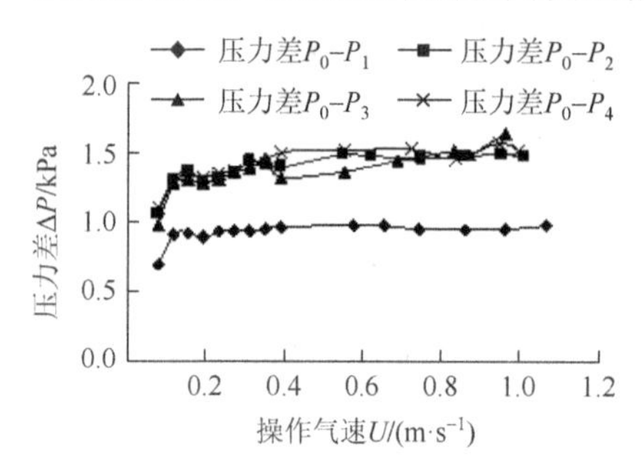

图 4.10　$d = 0.3$～0.45mm、$H_0 = 100$mm 沙子的流化特性曲线

由图 4.10 中看出 P_0–P_1 这条曲线比其他三条曲线低，其他三条曲线基本重合，且有明显的拐点，在拐点之后曲线基本上呈一水平线。其拐点处对应的 U 为临界流化速度，其临界流化速度为 $0.157\text{m}\cdot\text{s}^{-1}$，所对应的压力差为 1.338kPa，当 U 达到 $0.354\text{m}\cdot\text{s}^{-1}$ 时，P_0–P_2、P_0–P_3 和 P_0–P_4 三条曲线逐渐分开，且间距基本相等。这说明床层表面随着 U 的增加开始逐渐升高，这时，有大量粒径小的沙子流动到第二点和第四点之间的区域，表明第二点和第四点之间床层的密度均匀。P_0–P_1 曲线比其他三条曲线低，且与其他三条曲线的距离小于它到 x 轴的距离，说明气体布风板的阻力也影响着床层的压降。由附录 7 看出当 U 为 $0.157\text{m}\cdot\text{s}^{-1}$ 时，床层有周围一圈流动起来且宽度为 150mm，高度为 80mm，随着 U 的继续增加，流动起来沙子的宽度增加，高度增加，直到 $0.57\text{m}\cdot\text{s}^{-1}$ 时，床层全部流化，且流化床层表面质量很好，流化高度为 270mm。

图 4.11 是粒径为 0.3～0.45mm、H_0 为 150mm 沙子的流化特性曲线。由图中可以看出，四条曲线的拐点很明显，其临界流化速度为 $0.157\text{m}\cdot\text{s}^{-1}$，所对应的压力差为 2.019kPa，在 U 为 $0.157\text{m}\cdot\text{s}^{-1}$ 开始 P_0–P_1 与 P_0–P_2 这两条曲线和 P_0–P_3 与 P_0–P_4 两条曲线分开且随着 U 的增加距离加大，且 P_0–P_1 曲线和 P_0–P_2 曲线基本重合，P_0–P_3 曲线和 P_0–P_4 曲线基本重合，说明第一点和第二点测试的压力相同，第三点和第四点测试的压力相同，可能是床层出现节涌流化缺陷造成的。P_0–P_2 曲线与 P_0–P_3 曲线的距离随 U 的增加而加大，说明节涌随 U 的增加而加剧。且 P_0–P_1 曲线到 x 轴的距离大于 P_0–P_2 到 P_0–P_3 之间的距离，说明第一点以下床层处于密相区，第二点以上处于稀相区。由附录 8 看出当 U 为 $0.157\text{m}\cdot\text{s}^{-1}$ 时，床层有周围 1/2 圈流动起来且宽度为 150mm，高度为 100mm，随着 U 的继续增加，流动起来沙子的宽度在增加，高度在增加，直到 U 达到 $0.63\text{m}\cdot\text{s}^{-1}$ 时，床层全部流化，且流化床层表面质量很好，流化高度为 280mm。由表 4.2 看出，流化后床层的高度随 H_0 的增加而增加。

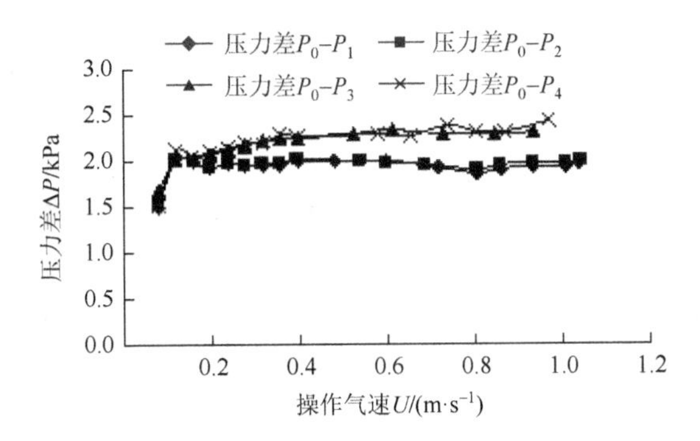

图 4.11　$d = 0.3\sim0.45$mm、$H_0 = 150$mm 沙子的流化特性曲线

表 4.2　粒径为 0.3～0.45mm 沙子流化参数

H_0/mm	U_{mf} /(m·s^{-1})	临界压力差/kPa	速度变化范围/(m·s^{-1})	压力变化范围/kPa	全部流化起来的速度/(m·s^{-1})	全部流化起来的高度/mm	临界流化速度时流化的高度/mm
50	0.157	0.606	0.157～1.029	0.299	0.205	180	50
100	0.157	1.338	0.157～1.029	0.174	0.55	270	80
150	0.157	2.019	0.157～1.029	0.431	0.74	280	100

3）粒径 0.2～0.3mm 沙子流化特性

图 4.12 为粒径为 0.2～0.3mm、H_0 为 50mm 沙子的流化特性曲线。由图中可以看出，四条曲线没有明显的拐点，且随着 U 的增加有上升趋势，当 U 达到 0.79m·s^{-1} 时，第四点和第二点处床层的压降随 U 的增加突然增加，且增加很快，可能是由于系统测试的问题。由于曲线上没有拐点，认为此粒径的沙子的临界流化速度已经在测试的范围之外了。通过附录 9 可以看出当 U 为 0.08m·s^{-1} 时床层已经有一部分沙子流动起来，随着 U 的增加，床层的流化区域增加，而床层压降并不增加，根据床面现象认为临界流化速度为 0.12m·s^{-1}，对应的床层压降为 0.34kPa。四条曲线之间的间距基本相等，说明在第一点到第四点之间流化床层的密度均匀。P_0–P_1 曲线距 x 轴的距离不是很大，说明流化后的床层第一点以上处于稀相区，第一点以下处于密相区。由附录 9 看出随着 U 的增加，流动起来沙子的宽度、高度增加，直到 U 达到 0.31m·s^{-1} 时，床层全部流化，且流化床层表面质量很好，流化高度为 100mm。

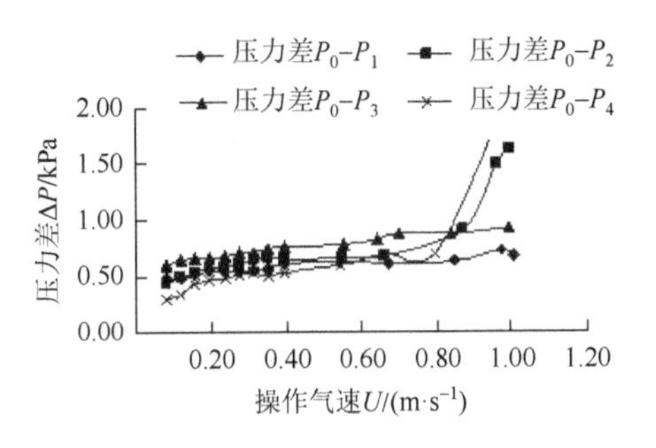

图 4.12　$d = 0.2\sim0.3$mm、$H_0 = 50$mm 沙子的流化特性曲线

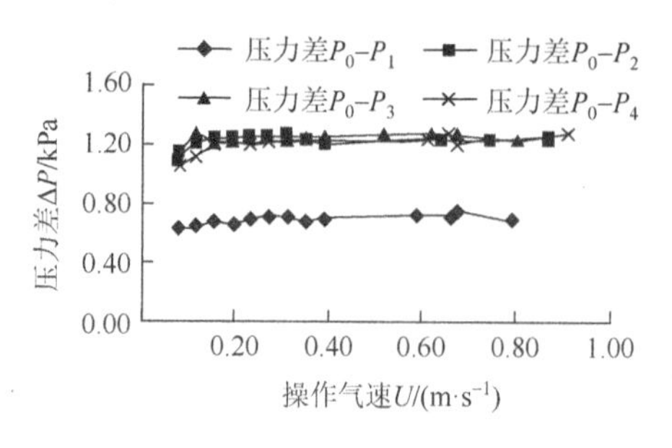

图 4.13　$d = 0.2$～0.3mm、$H_0 = 100$mm 沙子的流化特性曲线

图 4.13 为粒径为 0.2～0.3mm、H_0 为 100mm 沙子的流化特性曲线，由图中曲线拐点可知临界流化速度为 $0.12\text{m}\cdot\text{s}^{-1}$，所对应的床层压降为 1.23kPa。图中 P_0–P_1 曲线比其他三条曲线低，其他三条曲线基本重合，原因是 100mm 高的静床层高已经高于第一测试点，且床层流化后的表面基本上没有超过第二点，使第二点、第三点、第四点所测压力相同，从曲线 P_0–P_1 到 x 轴的距离与其到 P_0–P_2 曲线距离基本相等可以看出，床层流化是均匀的。通过附录 10 可以看出当 U 为 $0.08\text{m}\cdot\text{s}^{-1}$ 时床层已经有一部分沙子流动起来，随着 U 的增加，床层的流化区域增加，而床层压降并不增加。三条曲线之间的间距基本相等，说明在第二点到第四点之间流化床层的密度均匀且处于稀相区。P_0–P_1 曲线距 x 轴的距离不是很大，说明流化后的床层第二点以下密度均匀，处于密相区，与粒径 0.45～0.9mm 的相比，由于粒径相对很小且粒径范围小，所以小粒径的颗粒很少，从而使 P_0–P_2、P_0–P_3、P_0–P_4 曲线之间的距离小于粒径为 0.45～0.9mm 沙子流化所对应的 P_0–P_2、P_0–P_3、P_0–P_4 三条曲线的距离。由附录 10 看出随着 U 的增加，流动起来沙子的宽度、高度增加，直到 U 达到 $0.31\text{m}\cdot\text{s}^{-1}$ 时，床层全部流化，且流化床层表面质量很好，流化高度为 120mm。

表 4.3　粒径为 0.2～0.3mm 沙子流化参数

H_0/mm	U_{mf} /(m·s^{-1})	临界压力差/kPa	速度变化范围/(m·s^{-1})	压力变化范围/kPa	全部流化起来的速度/(m·s^{-1})	全部流化起来的高度/mm	临界流化速度时流化的高度/mm
50	0.12	0.34	0.12～0.69	0.53	0.31	100	30
100	0.12	1.23	0.12～0.69	0.23	0.31	120	40
150	0.12	1.82	0.12～0.69	0.27	0.39	170	50

图 4.14 为粒径为 0.2～0.3mm、H_0 为 150mm 沙子的流化特性曲线，曲线同图 4.13 类似，区别在于，从 U 为 $0.08\text{m}\cdot\text{s}^{-1}$ 开始 P_0–P_2、P_0–P_3 和 P_0–P_4 曲线开始逐渐分开，当 U 达到 $0.2\text{m}\cdot\text{s}^{-1}$ 时分开的程度很大，说明随着 U 的增加，床层流化高度增加，从第二测试点到第四测试点之间床层密度均匀，处在稀相区，而第二点以下为密相区。由图可知临界流化速度为 $0.12\text{m}\cdot\text{s}^{-1}$，所对应的床层压降为 1.82kPa。由附录 11 看出随着 U 的增加，流动起来沙子的宽度、高度增加，直到 U 达到 $0.39\text{m}\cdot\text{s}^{-1}$ 时，床层全部流化，且流化床层表面质量很好，流化高度为 170mm。

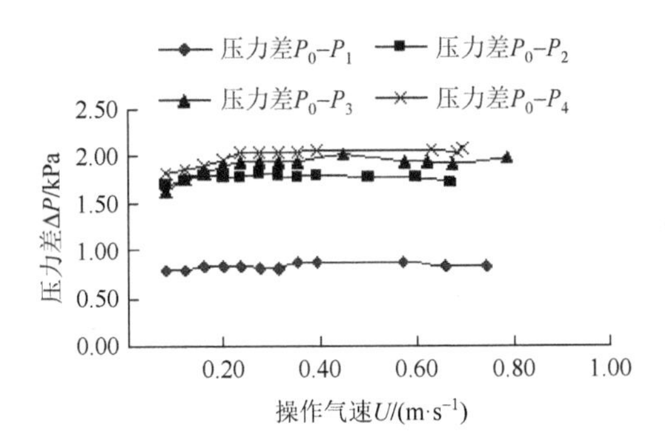

图 4.14　$d = 0.2\sim0.3$mm、$H_0 = 150$mm 沙子的流化特性曲线

4）静床层高对床层压降的影响

由图 4.15、图 4.16 和图 4.17 可以看出，$H_0 = 50$mm 时的曲线比 $H_0 = 100$mm 和 $H_0 = 150$mm 的曲线向上倾斜一些，$H_0 = 100$mm 和 $H_0 = 150$mm 的曲线比较平。这主要是由床层压降与布风板阻力之间的关系决定，$H_0 = 100$mm 和 $H_0 = 150$mm 时床层压降比布风板阻力大很多，布风板的阻力对 P_0-P_1 的影响不大，P_0-P_1 主要由床层压降决定，粒径大的阻力偏大。

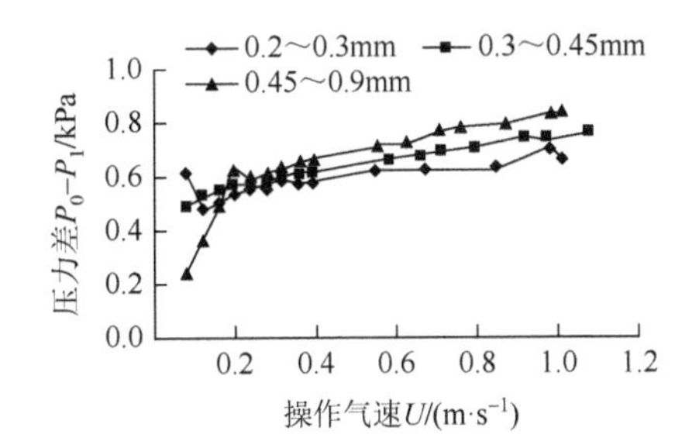

图 4.15　H_0 为 50mm，不同粒径沙子 P_0-P_1 的压力曲线

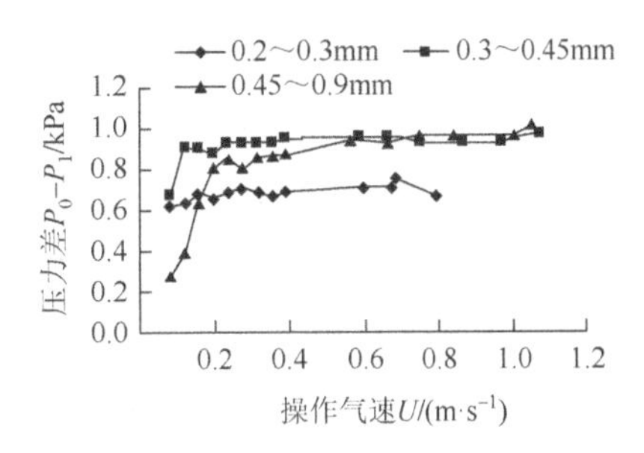

图 4.16　H_0 为 100mm，不同粒径沙子 P_0-P_1 的压力曲线

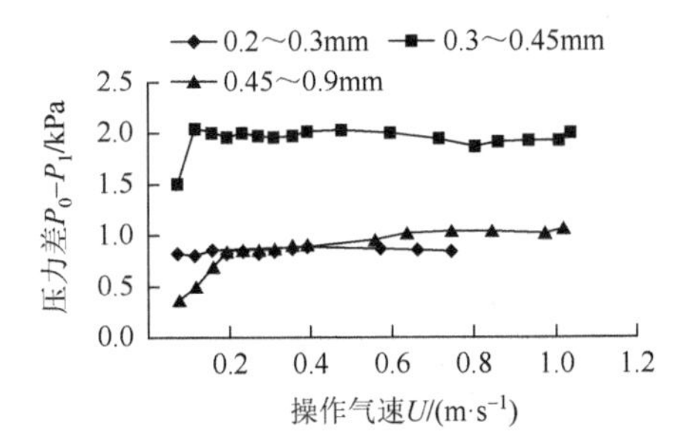

图 4.17　H_0 为 150mm，不同粒径沙子 P_0-P_1 的压力曲线

由图 4.18、图 4.19 和图 4.20 可以看出，随着静床层高 H_0 的增加，$P_0–P_1$ 的值增加，说明静床层高越高，床层下部密相区的密度越大。粒径越小，不同静床层高 H_0 下 $P_0–P_1$ 曲线间的间距越均匀，说明粒径越小床层密度越均匀，稀相区与密相区的区别越不明显。

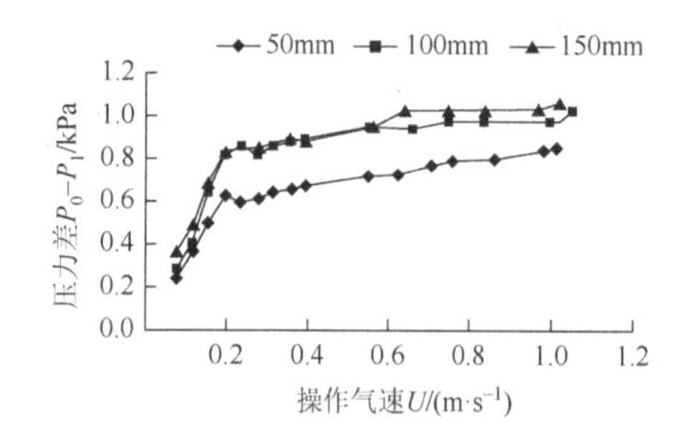

图 4.18　粒径为 0.45～0.9mm 沙子不同 H_0 下的 $P_0–P_1$ 的压力曲线

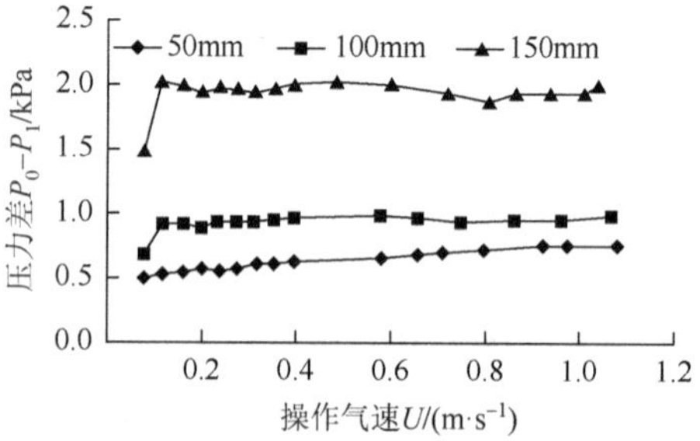

图 4.19　粒径为 0.3～0.45mm 沙子不同 H_0 下的 $P_0–P_1$ 的压力曲线

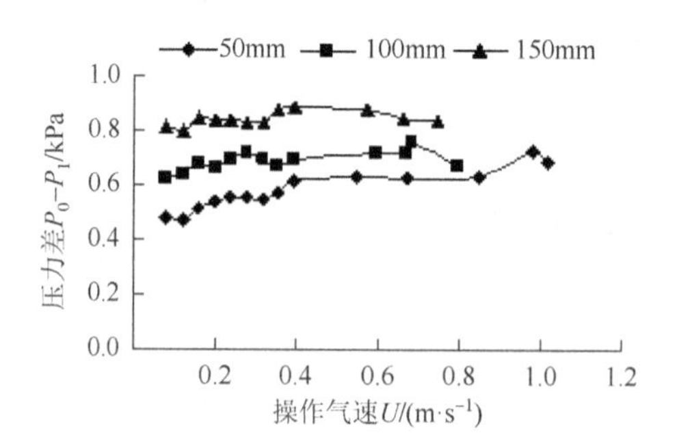

图 4.20　粒径为 0.2～0.3mm 沙子不同 H_0 下的 $P_0–P_1$ 的压力曲线

由以上分析可以得出，在喷动循环流化床快速热解反应系统中，反应器床层中惰性介质沙子的粒径确定为 0.2～0.3mm，静床层高为 100mm。

5）流化气体流速对压力波动的影响

从图 4.21、图 4.22 和图 4.23 可以看出，随着 U 的增加 P_0 值波动增大，随着静床层高 H_0 的增加 P_0 值的波动增大。在 U 达到临界流化速度之前压力差（δ）很小，在临界流化速度之后，δ 增加很快，特别是当静床层高 H_0 很高时，δ 增加得更快。这主要是由于 U 值在临界流化速度之前，床层没有流化起来，床层不会影响流化气体压力的波动，当 U 达到临界流化速度后继续增加时，床层流化起来，流化起来的床层的稳定性影响 P_0 的波动。随着 U 的继续增加，床层流化的稳定性变差。比较三个图，可以看出粒径小的沙子流化时，δ 很小，因此粒径 0.2～0.3mm 沙子流化时，P_0 的波动小，床层的流化好。

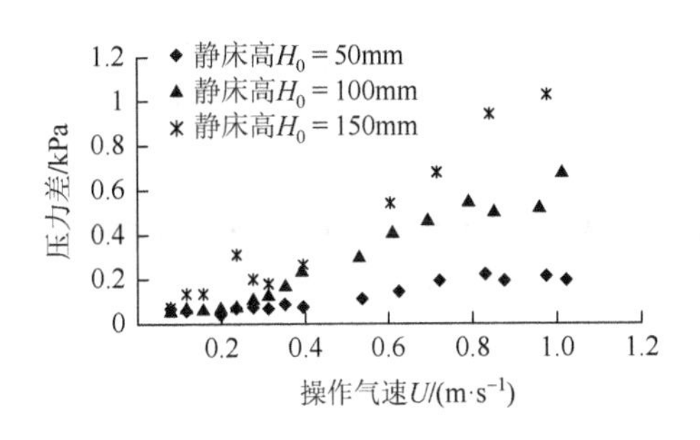

图4.21　颗粒粒径为0.45～0.9mm，P_0压力的波动情况

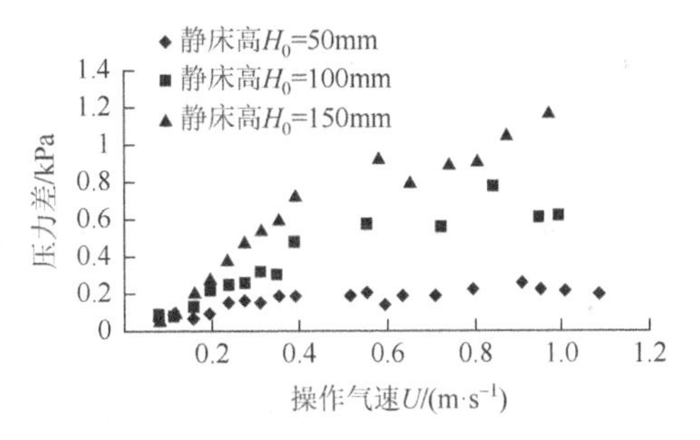

图4.22　颗粒粒径为0.3～0.45mm，P_0压力的波动情况

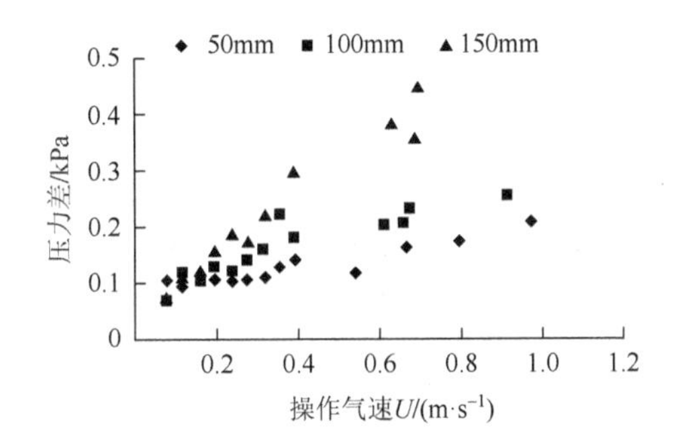

图4.23　颗粒粒径为0.2～0.3mm，P_0压力的波动情况

综上所述，由压降-操作气速曲线图可看到，粒径小的沙子流态化曲线不是明显的折线，而是近似为一条水平的直线，只有在流速较小处有一定的弧度。因为小粒径的沙子，临界流化速度较小，三种不同粒径的沙子在不同高度的情况下，流速达到 0.6m·s^{-1} 时均未飞离反应器，并都具有良好的流化状态，考虑到小粒径沙子的比表面积大，利于传热，综合考虑临界流化速度，选取沙子粒径为 0.2～0.3mm；并且从曲线图中也可以看到三种粒径的沙子静床层高为100mm时，比高度 50mm 和高度 150mm 曲线平滑，流化稳定，故选静床层高度 100mm 沙子用于快速热解优化实验。

2. 落叶松树皮颗粒流化特性

实验中落叶松树皮颗粒床层高度取100mm。这个高度的选择主要是根据沙子流化特性中确定的静床层高 H_0 = 100mm 时流化质量最好。从图4.24中 P_0–P_4 曲线可以看出粒径为0.45～0.9mm 的落叶松树

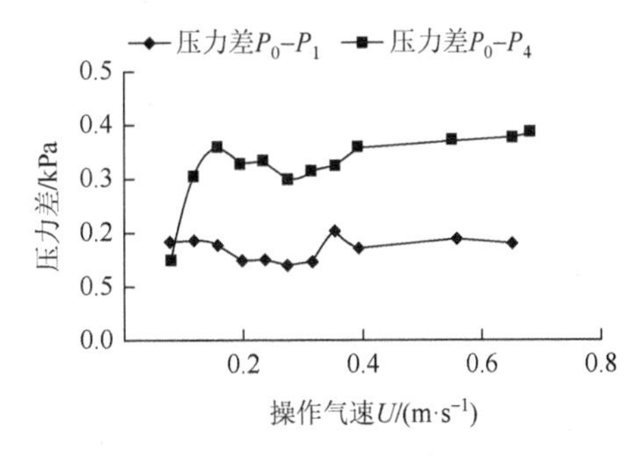

图4.24　粒径为0.45～0.9mm 落叶松树皮颗粒在反应器中的流化特性曲线

皮颗粒在流化床反应器内的临界流化速度为 0.157m·s^{-1}，在此速度之前，P_0–P_4 随着流化气体流速的增加而增加，在此速度之后流化气体流速增加，而 P_0–P_4 基本不变，操作流化速度在 0.157～0.68m·s^{-1} 之间，粒径为 0.45～0.9mm 的落叶松树皮颗粒能够保持很好的流化状态。图中 P_0–P_1 曲线在流化速度 0.079～0.652m·s^{-1} 之间，接近一水平线，这是由于流化气体的流速增加，理论上第 1 测试点和第 0 测试点之间的压降增加，但流化气体流速增加会使床层高度增加，致使床层内落叶松树皮颗粒的间隙加大，从而降低了流过落叶松树皮颗粒之间流化气体的流速而使第 1 测试点和第 0 测试点之间的压降减小。同时也说明了相对于床层来说，气体布风板的压降很小，不会影响床层的压降。当大于临界流化速度时，P_0–P_1 和 P_0–P_4 两条曲线之间距离基本相等，可以得出，整个床层高度上的落叶松颗粒的表观密度是均匀的，其均匀性不会受流化气体流速影响。

根据以上分析，颗粒粒径在 0.45～0.9mm 的落叶松树皮颗粒流化起来的最小流速是 0.157m·s^{-1}。由于粒径小于 1mm 的生物质在快速热解过程中，主要受热解动力学控制，粒径大于 1mm 的生物质在快速热解过程中，主要受扩散控制，结合落叶松树皮颗粒流化特性，初步确定优化工艺实验中落叶松颗粒粒径为 0.2～1.2mm。

3. 落叶松树皮和沙子混合的流化特性

因为沙子流化特性中静床层高 H_0 = 100mm 时流化质量最好，所以选取静床高 H_0 = 100mm。

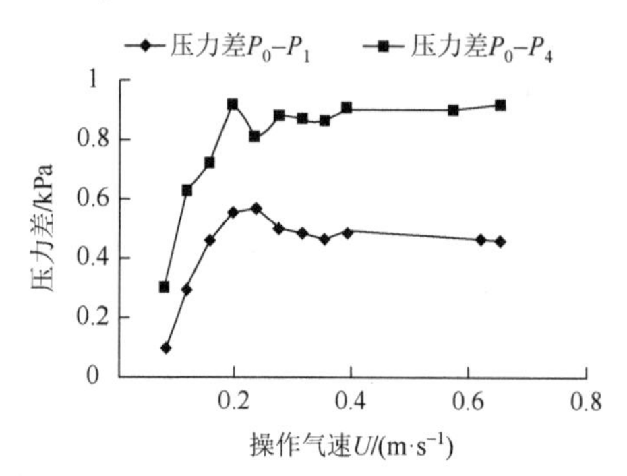

图 4.25　H_0 = 100mm、d = 0.45～0.9mm 落叶松树皮和沙子（按体积 1∶1 混合物）在反应器中的流化特性曲线

粒径 0.45～0.9mm 的沙子和落叶松树皮混合物的操作气速与床层压降的关系见图 4.25。由图中曲线可以看出，其临界流化速度为 0.197m·s^{-1}，所对应的压降为 0.917kPa，其临界流化速度与单独用粒径为 0.45～0.9mm 的沙子作床料的临界流化速度相等。而临界床层压降要比 H_0 = 50mm 时同等粒径沙子作床料时的临界床层压降大，比 H_0 = 100mm 时同等粒径沙子作床料时临界床层压降小。这说明落叶松树皮颗粒没有影响床层的临界流化速度，只影响了临界床层压降，这是由于临界床层压降与床层物料的重力成正比。P_0–P_1 曲线距 x 轴的距离与距 P_0–P_4 曲线之间的距离基本相等，可以看出混合后的床层流化比较均匀。

为了使沙子与物料二者混合体系混合比较完全，通过分析流态化曲线，结合喷动循环流化床快速热解装置中风机的最大风量、热解反应器的结构和沙子的流化特性，初步确定优化工艺实验中气体流速为 10～30$m^3·h^{-1}$。

4.4　喷动循环流化床反应器热态特性

前面通过冷态实验初步确定了喷动循环流化床反应器适宜的工艺参数。但反应器加热后，由于温度升高、气体膨胀、压力增大等影响，流化状态将会发生变化。为了更好地了解喷动循环流化床性能和进行木材快速热解实验研究，本节重点对热态下喷动循环流化床反应器特性进行研究。研究内容主要包括：考察在室温为 28℃，流化气体流量为 18$m^3·h^{-1}$，沙子的质量为 4.70kg，主加热功率达到额定功率 70%的条件下，反应器的升温速率以及升温过程中反应器内压力变化、快速热解过程中进料量对温度影响、快速热解过程中气体流量对温度的影响。希望本节研究内容为优化快速热解工艺，提高快速热解产物产率提供依据和理论基础。

4.4.1　喷动循环流化床反应器升温速率

由图 4.26 可以看出，喷动循环流化床反应器在空载的情况下能够在 30min 内由室温 301K 升高到 1026K。温度在 301～1026K 范围内，平均升温速率为 24$K·min^{-1}$。

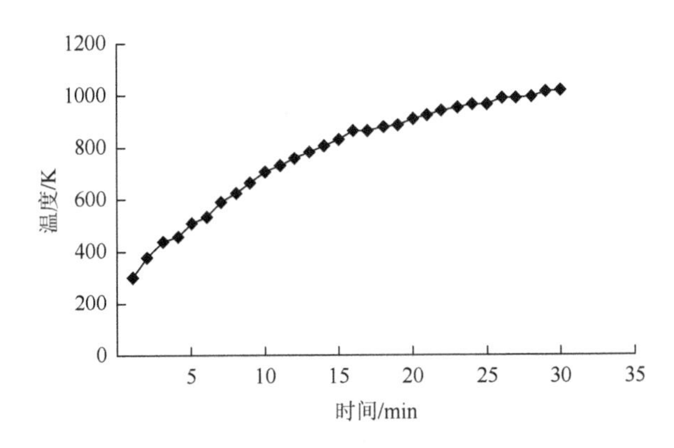

图 4.26　反应器温度与加热时间的关系曲线

4.4.2　升温过程对喷动循环流化床反应器内压力影响

从图 4.27 中可以看出，反应器内压力随反应器内温度的增加而增加，接近直线关系。这主要是由于温度的增加使整个封闭的反应系统内的气体压力增加。从图 4.28 看出流化床反应器内的床层的压降随反应器内的温度的升高而有降低的趋势，这主要是由于温度升高使流化气体的黏度降低，而流化气体对沙子的曳力减小。

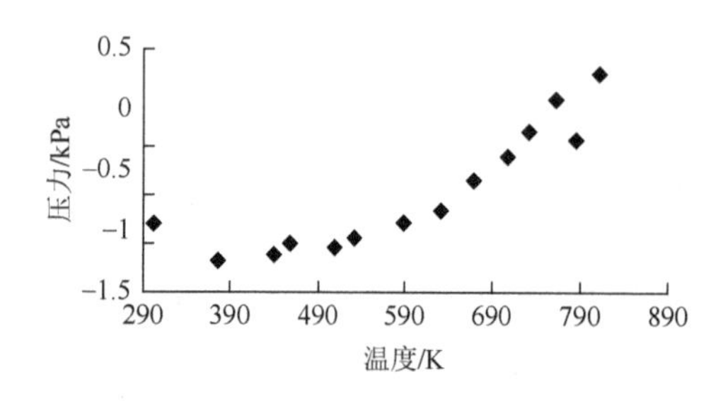

图 4.27　温度与压力的关系

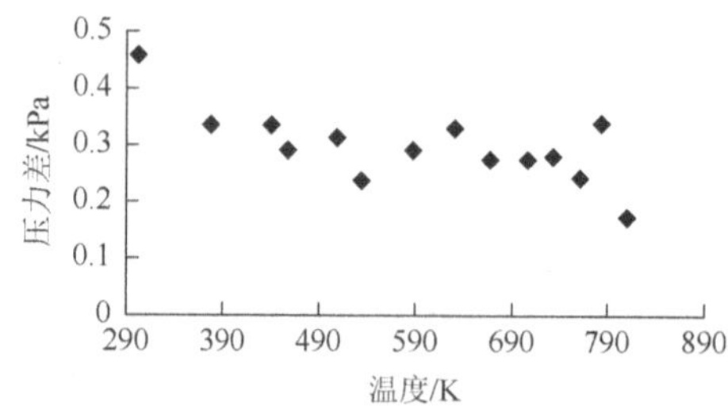

图 4.28　床层压力差与反应器内温度的关系

4.4.3　热解过程中进料量对温度的影响

从图 4.29 中可以看出，物料（落叶松树皮颗粒）开始进入反应器时会使反应器温度突然下降，几分钟后，温度开始上升并趋于平稳且达到工艺规定的温度，在相同循环流化气体流量的条件下，进料量越大，反应器温度降温的程度越显著。刚进入反应器内的物料由于自身温度低，吸收了反应器内部的热量而使反应器温度降低，进料量越大吸收的热量越多，反应器温度降低的程度越大。反应器温度低于设定温度后，系统自动启动加热装置开始加热，而使温度逐渐升高达到设定温度后，系统趋于稳定工作。为了减少反应器由于进料带来的反应器温度下降的差值，可以通过进料量与反应器内惰性介质的质量比来控制。

4.4.4　热解过程中流化气体流量对温度的影响

从图 4.30 中可以看出，在螺旋进料器螺旋转速不变时（即落叶松树皮进料量不变时），随着流化气体流量的增加，反应器温度降低，且降低程度呈增加趋势。表 4.4 表明了不同的流化气体流量使反应器温度降低的程度。这主要是由于循环流化气体经过冷凝器后温度降到室温，然后再通过预热器加热进入反应器内，带走反应器内的热量使反应器内的温度降低。流化气体流量增加，瞬间带走反应器的热量增加，使反应器温度降低程度加大。要解决这种由流化气体带来的反应器内温度降低的问题，可以增加预热器的加热功率。

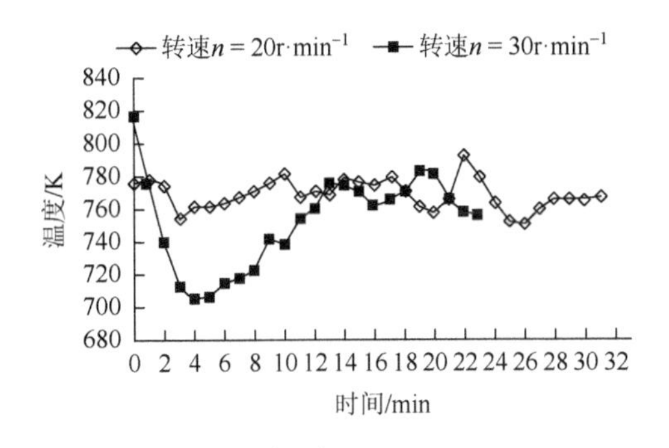

图 4.29　$Q = 30m^3 \cdot h^{-1}$ 时不同进料量与反应器内温度的关系

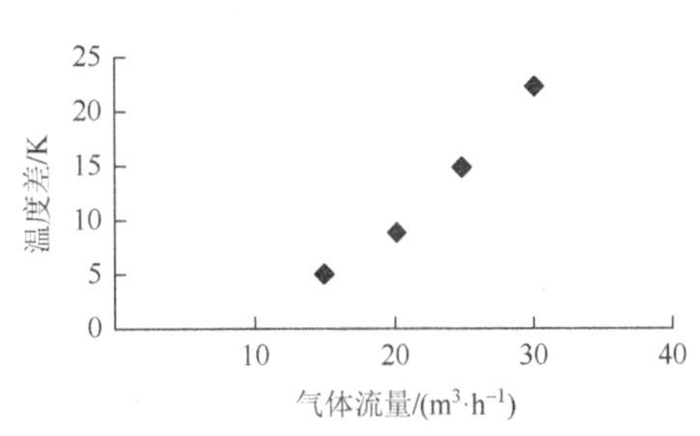

图 4.30　$n = 30r \cdot min^{-1}$，Q 与 ΔT 的关系曲线

表 4.4　Q 与 ΔT 之间的关系

Q/($m^3 \cdot h^{-1}$)	ΔT/K
15	5
20	8.7
25	15
30	22.5

4.5　本 章 小 结

本章确定了不同粒径落叶松树皮进料量与螺旋进料器转速之间关系：不论粒径大小，转速与进料量均接近直线关系，转速越快，进料量越大；随转速提高，大粒径的物料进料量小，小粒径的物料进料量大。

确定了沙子粒径与临界流化速度和操作气速的关系：随沙子粒径增加，临界流化速度、床层全部流化起来的操作气速增大。操作气速达到 $0.6m \cdot s^{-1}$ 时，沙子均未飞离反应器，并都具有良好的流化状态。考虑到小粒径沙子的比表面积大，利于传热，因此，适宜的沙子粒径为 0.2～0.3mm。

确定了静床层高与操作气速关系：随静床层高增加，床层全部流化起来的操作气速增大。静床高为 100mm 时，三种粒径沙子的流化状态比静床层高为 50mm 和 150mm 时稳定，流化质量更好。因此适宜的静床层高为 100mm。

确定了操作气速、静床层高和沙子粒径与反应器入口压力 P_0 的关系：随操作气速、静床层高和沙子粒径的增加，压力 P_0 波动增加。

确定了适宜的临界流化速度：粒径为 0.45～0.9mm 的落叶松树皮颗粒的临界流化速度为 $0.157m \cdot s^{-1}$；粒径为 0.45～0.9mm 的沙子和落叶松树皮混合物的临界流化速度为 $0.197m \cdot s^{-1}$。

喷动循环流化床反应器温度在空载情况下从 301K 升高到 1026K，平均升温速率为 $24K \cdot min^{-1}$，物料升温速率可达到 $100K \cdot s^{-1}$ 以上。

喷动循环流化床反应器内压力随温度的增加而增加，床层的压降随反应器内的温度的升高而有降低的趋势。

喷动循环流化床快速热解系统适宜的工作参数：沙子粒径为 0.2～0.3mm，静床层高为 100mm，流化气体流量为 $10 \sim 30m^3 \cdot h^{-1}$，螺旋进料转速为 $10 \sim 50r \cdot min^{-1}$，落叶松树皮颗粒粒径为 0.2～1.2mm。

第5章　喷动循环流化床落叶松树皮快速热解特性

国内外学者研究表明：热解温度、进料速度、流化气体流量和物料粒径等热解工艺参数对快速热解产物的产率及各组分含量等都会产生影响。因此，本章将重点对其进行研究，并在此基础上，建立描述落叶松树皮快速热解规律和热解产物转化率的反应动力学模型，以此深入了解落叶松木材快速热解特性，进一步探索落叶松木材的快速热解机理，为优化落叶松木材快速热解工艺奠定基础，为落叶松木材快速热解工业化生产提供科学依据。

5.1　热解工艺参数对热解产物产率的影响

5.1.1　热解产物产率计算方法

提高生物油的产率是本研究的主要目标之一，因此，合理计算生物油产率对于研究热解工艺对热解产物的影响十分必要。

根据质量守恒定律，热解生物油产率的计算公式可写为

$$Y_o = 1 - Y_c - Y_g$$

式中，Y_o——生物油产率，%；

Y_c——热解炭产率，%；

Y_g——不凝气产率，%。

说明：此处生物油是指快速热解产生的液态物质，包括纯生物油和其他液体，由于目标是液态物质整体利用（替代苯酚制备酚醛树脂胶），因此统称为生物油。

1. 热解炭产率（Y_c）计算

热解炭产率（Y_c）可用下式计算：

$$Y_c = \frac{m_c}{m_b}$$

式中，m_b——木材的质量，g；

m_c——热解炭的质量，g。

由上式可见，计算热解炭的产率，关键要准确测定热解炭的质量。热解过程中产生的热解炭大部分被流化气体带到旋风分离器进行分离，进入集炭箱，同时

还有极少部分留在反应器中。另外，集炭箱内热解炭也很难收集彻底。因此，将热解炭完全收集的难度较大，如果按照传统称重办法确定热解炭的质量，将会产生较大误差。在这种情况下，采用灰分示踪法计算热解炭的质量。

灰分示踪法的原理是质量衡算法。热解过程中木材中的灰分会全部进入热解炭中，木材的灰分量应该等于热解炭的灰分量，根据测定的木材质量、木材灰分和热解炭灰分计算出固体炭的质量。计算方法如下。

假设由工业分析得到的木材灰分和热解炭灰分含量分别为 A_b 和 A_c，用以下公式可计算出热解炭的质量 m_c：

$$m_c = \frac{A_b}{A_c} \cdot m_b$$

式中，A_b——木材灰分，%；

A_c——热解炭灰分，%。

因此热解炭产率（Y_c）计算公式可写成

$$Y_c = \frac{m_c}{m_b} = \frac{A_b}{A_c}$$

2. 不凝气产率计算

不凝气产率可用下式计算：

$$Y_g = \frac{m_g}{m_b}$$

式中，m_g——不凝气质量，g。

假设：①木材快速热解产生的气体中可凝结部分全部转换为液体。②对于喷动循环流化床快速热解，假设整个系统没有空气渗入。经过实测发现，稳定工作后 1～2min，排出气体可近似认为均为热解气体中的不凝气。③将不凝气看作理想气体，近似为空气密度。

根据排出气体流量和时间计算出不凝气的体积，换算成常态下的体积 V_g，采用相同情况下空气的密度，计算出不凝气的质量 m_g。

5.1.2　实验过程和方法

1. 原料及尺寸

兴安落叶松树皮，粉碎后，使用标准筛将其筛分为 4 个粒径范围，分别为 0.2～0.3mm、0.3～0.45mm、0.45～0.9mm 和 0.9～1.2mm。

2. 实验设备

自行研制的喷动循环流化床快速热解装置，见第 3 章。

3. 实验地点

北京林业大学木材快速热解实验室。

4. 实验方法

采用正交实验方法。参考第 4 章的研究结果，选取粒径（d）、热解温度（T）、流化气体流量（Q）和进料速度（n）4 个影响因素，每个因素选取 4 个水平。因此，采用 4 因素 4 水平的正交实验表，见表 5.1，正交实验方案见表 5.2。

表 5.1　因素水平表

因素	T/K	d/mm	n/(r·min^{-1})	Q/(m^3·h^{-1})
水平 1	723	0.45～0.90	20	15
水平 2	773	0.30～0.45	30	20
水平 3	823	0.20～0.30	40	25
水平 4	873	0.90～1.20	50	30

表 5.2　落叶松树皮快速热解正交实验表

工况	T/K	d/mm	n/(r·min^{-1})	Q/(m^3·h^{-1})
1	723	0.45～0.90	20	15
2	723	0.30～0.45	30	20
3	723	0.20～0.30	40	25
4	723	0.90～1.20	50	30
5	773	0.45～0.90	30	25
6	773	0.30～0.45	20	30
7	773	0.20～0.30	50	15
8	773	0.90～1.20	40	20
9	823	0.45～0.90	40	30
10	823	0.30～0.45	50	25
11	823	0.20～0.30	20	20
12	823	0.90～1.20	30	15
13	873	0.45～0.90	50	20
14	873	0.30～0.45	40	15
15	873	0.20～0.30	30	30
16	873	0.90～1.20	20	25

5.1.3　实验结果与分析

实验结果见表 5.3、图 5.1～图 5.4。

表 5.3　不同温度下落叶松树皮热解产物分布

T/K	热解产物比例/%		
	生物油(O)	不凝气体(G)	热解炭(C)
723	60.00	13.00	27.00
773	65.52	15.29	19.19
823	73.00	18.00	9.00
873	60.97	26.97	12.06

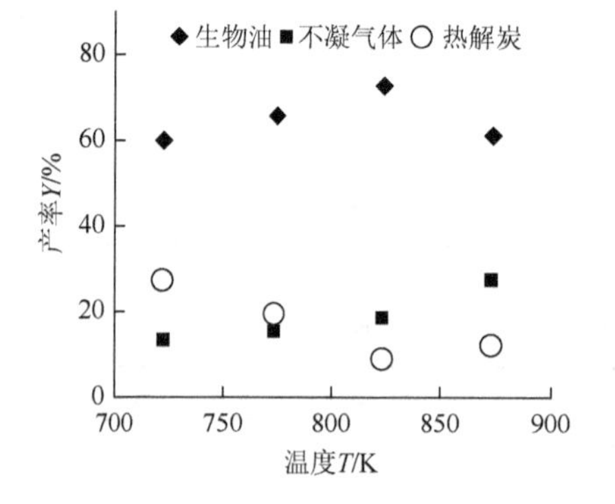

图 5.1　落叶松树皮快速热解产物产率与热解温度的关系

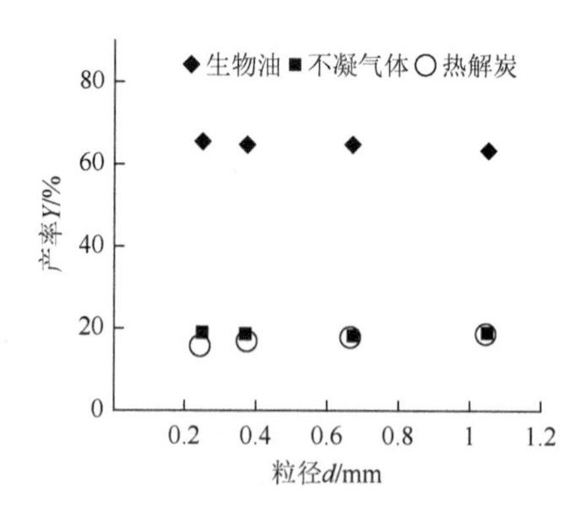

图 5.2　落叶松树皮快速热解产物产率与粒径的关系

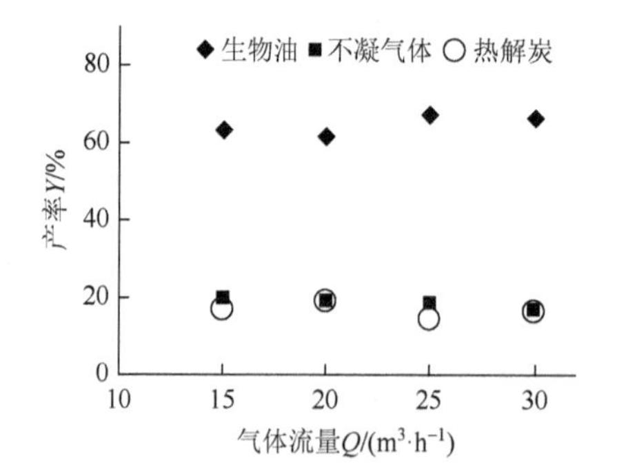

图 5.3　落叶松树皮快速热解产物产率与流化气体流量的关系

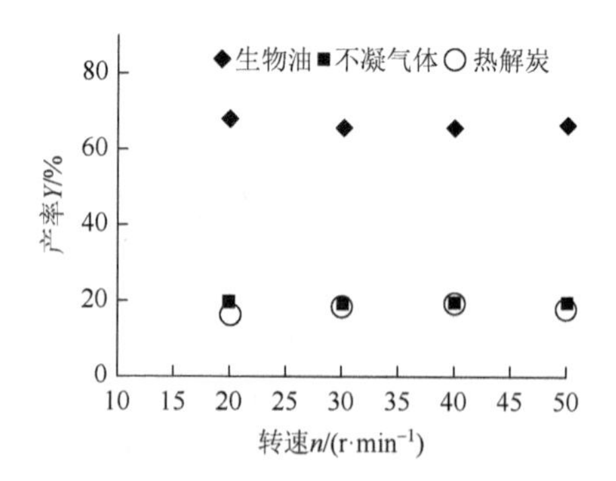

图 5.4　落叶松树皮快速热解产物产率与进料速度的关系

1. 温度对热解产物产率的影响

不同温度下落叶松树皮热解产物的分布见表 5.3，落叶松树皮热解产物产率随温度变化曲线如图 5.1 所示。

由表 5.3 可以看出，随着热解温度的升高，不凝气产率从 723K 的 13.00%持续上升到 873K 的 26.97%；而生物油产率从 723K 的 60.00%开始上升，当温度达到 823K 时达到最大值 73.00%，然后开始下降，到 873K 时降到 60.97%；热解炭产率从 723K 的 27.00%开始下降，到 823K 时达到最低 9.00%，然后开始回升，当温度升到 873K 时，达到 12.06%。

从图 5.1 可以明显看出，生物油和热解炭这两条曲线在温度 823K 处有个拐点。在实验温度范围内，温度在 823K 之前，随温度升高热解炭产率下降，不凝气和生物油产率增加，并且生物油增加的幅度明显高于不凝气；温度在 823K 之后，生物油产率随热解温度升高开始下降，且下降幅度较大，不凝气产率继续升高，且升高幅度增大，而热解炭产率升高，但增高幅度不如不凝气显著。

上述分析说明，对于落叶松树皮来说，在 723～823K 范围内，提高热解温度有利于降低热解炭的产率，提高生物油和不凝气的产率，对提高生物油产率更为明显；而在 823～873K 的范围内，提高温度将会引起生物油产率下降，不凝气和热解炭产率提高，特别是不凝气产率提高明显。由此可以得出结论：单纯从获得高产率生物油角度，热解温度应该控制在 723～823K 区间，最佳温度为 823K。

出现上述现象的主要原因是，木材的化学组成非常复杂，构成细胞壁的物质中绝大多数属于高分子化合物，它们相互穿插交织构成高聚物体系。

从相关研究资料可知，形成生物油的表观活化能大于形成炭的表观活化能，因此在温度相对较低时，外部提供的能量相对较少，相当一部分能量用来打断木材分子的支链使之形成小分子的不凝性气体和固体炭。从反应竞争角度看，木材颗粒形成小分子热解气体和固体炭的概率较大。实验数据表明，在 723K 时，热解炭的产率高达 27.00%；而在温度相对较高时，外部提供的能量较多，打断键能更高的木材分子的能量较为充足，使木材分子断裂成为大分子的数量增多，由此形成固体炭的概率降低，当温度提高到 823K 时，固体炭的产率降低到 9.00%，而生物油的产率由 723K 时的 60.00%增加到 73.00%。

如果温度超过一定程度，提高热解温度促进热解气体内的大分子部分（生物油）发生二次裂解，长链分子键进一步断链，从而使得短链分子收率明显增加，其结果是部分生物油分解形成小分子的不凝气和热解炭，或形成小分子的不凝气、热解炭和分子量相对小的生物油。由于生物油中各组分结构不同，分子量分布较广，所以上述两种二次裂解方式都可能存在，以致不凝气产率及热解炭产率都显著增加，生物油产率降低。研究表明，在温度 823K 以上时，热解气体中大分子部分（生物油）部分发生了明显的二次裂解，得到的生物油产率由 823K 的 73.00%降低到 873K 时的 60.97%，降幅达到 12.03%，热解炭的产率由 9.00%增加至 12.06%，不凝气的产率也由 18.00%增加至 26.97%。

2. 粒径对热解产物产率的影响

落叶松树皮颗粒粒径与热解产物产率关系如图 5.2 所示。从图 5.2 中可以看出，生物油、不凝气和热解炭三种产物产率随木材粒径的增加变化不明显。生物油的产率随粒径的增加略微下降，不凝气和热解炭产率稍有升高。与温度对热解产物产率的影响相比，粒径的影响程度小得多。

出现这种现象的主要原因是，木材颗粒的快速热解是典型的急速传热传质过程，颗粒在反应器中停留时间短，受热强度高，传质速率快。因此，在一定条件下，快速热解效果取决于木材颗粒粒径的大小。有关研究发现，当粒径大于 1mm 时，粒径将成为热传递的限制因素。粒径大于 1mm 的颗粒被加热时，颗粒表面的加热速率则远远大于颗粒中心的加热速率，这样在颗粒的中心容易发生低温热解，热解炭增加；而当粒径小于 1mm 时，粒径的大小对颗粒内部传热影响不显著（杜洪双等，2007）。采用的落叶松树皮颗粒粒径在 0.2～1.2mm 的范围内，从图 5.2 中看出随粒径的增加热解炭和不凝气产率有增加的趋势，而生物油产率有下降的趋势，主要原因是：①粒径大的落叶松树皮颗粒内的气相产物从颗粒逸出的阻力增加，致使停留时间增加，使其中的生物油部分产生二次裂解；②也有可能较大的颗粒加热时间长，未得到充分热透，便被带出反应器，容易发生低温热解（杜洪双等，2007；Beaumont and Schwob，1984；Encinar et al.，1996；Babu and Chaurasia，2004）。

3. 流化气体流量对热解产物的影响

流化气体流量与热解产物产率的关系如图 5.3 所示。由图 5.3 可以看出，在选取的流化气体流量范围内，不凝气产率基本不变；在流化气体流量为 15～20$m^3·h^{-1}$之间生物油产率略有下降，热解炭产率略有升高；在 20～25$m^3·h^{-1}$之间生物油产率逐渐升高，25$m^3·h^{-1}$时达到最高，热解炭产率逐渐下降，25$m^3·h^{-1}$时降到最低；在 25～30$m^3·h^{-1}$之间生物油产率基本保持不变，热解炭产率略有提高。总体来说，随流化气体流量的增加生物油产率增加，热解炭产率下降。发生这种现象的主要原因是：随着流化气体流量增加，落叶松树皮颗粒热解产生的气相产物在反应器内停留的时间缩短，降低了气相产物中生物油部分二次裂解的可能，同时落叶松树皮颗粒气固两相界面上产生的气相产物浓度降低，降低了气相产物在落叶松树皮颗粒表面的二次反应，也使落叶松树皮颗粒内热解产生的气相产物能及时脱离颗粒，避免了在落叶松树皮颗粒内部的二次反应。

另外，循环流化气体流量在 25～30$m^3 \cdot h^{-1}$ 之间时，生物油产率没有变化，说明流化气体流量达到 25$m^3 \cdot h^{-1}$ 后，落叶松树皮颗粒热解气相产物中生物油部分二次裂解可能性已经降到很低了，再继续提高流化气体流量对提高生物油产率的作用不大。

4. 进料量对热解产物产率的影响

在其他条件一定的情况下，进料量与螺旋进料器螺旋转速成正比。因此，采用螺旋进料器螺旋转速考察进料量与热解产物产率的关系。

螺旋进料器螺旋转速与热解产物产率的关系如图 5.4 所示。由图 5.4 中三种产物产率的分布点可以看出，随着进料量的增加，开始时生物油产率略微下降，到最低点后再逐渐略微升高，总体变化不显著；热解炭产率开始时逐渐略微上升，到最高点后再逐渐略微下降，总体变化也不显著；不凝气体产率基本不变。究其原因，通常随进料量的加大，热解产生的气相产物从流化床层到离开反应器的距离变短，从而使气相产物在反应器内的停留时间缩短，减少了气相产物中生物油部分二次裂解的可能性，提高了生物油产率。但从试验结果看出，落叶松树皮在喷动循环流化快速热解系统中热解，在选取的进料量的范围内，进料量对热解产物产率的影响不大。

综合以上所述可以得出温度、粒径、流化气体流量和进料量 4 个热解工艺参数对落叶松树皮快速热解生物油产率的影响规律。①热解温度对生物油产率影响最为显著，在 723～823K 温度区间，随着温度升高生物油产率增大，在 823K 时达到最大值，然后开始下降。②在实验选取的粒径范围内，落叶松树皮颗粒粒径对生物油产率的影响不明显。③流化气体流量增加，对生物油产率增加有明显作用。④在实验选取的范围内，进料量对生物油产率的影响不明显。⑤在实验范围内，4 个参数影响程度比较：热解温度＞流化气体流量＞粒径＞进料量。

5.2　落叶松木材快速热解动力学模型的建立

2.4 节在利用热重手段分析升温速率、含水率、粒径和物料种类等因素对落叶松木材热解特性影响规律基础上，根据非等温热解动力学理论，建立了落叶松木材热解动力学模型，该模型主要用于描述有限（每分钟升高几十摄氏度）的升温速率下落叶松木材热解特性，是进一步研究木材快速热解的基础。

对于升温速率大于 373$K \cdot s^{-1}$ 的快速热解来说，影响其反应的因素不仅仅是木材的热解特性，反应器内部的多相流体的流动状况、物料颗粒内部热量传递和质量扩散都是必须考虑的控制因素。因此，本节在 5.1 节基础上，根据等温热解动力学理论，建立能够描述快速热解规律和热解产物产率的反应动力学模型。

5.2.1 快速热解动力学基本方程

1. 基本假设

为了确定快速热解动力学基本方程，做以下基本假设：

（1）由于木材颗粒很小，进入反应器后传热速率很高，可以认为其在极短时间内迅速达到热解温度，因此假定反应为等温过程。

（2）从国内外研究结论来看，温度在 823K 以下，快速热解过程产生的热解油的二次裂解可以忽略，因此在研究中，采用 A. M. C. Janse 模型的变形形式进行动力学研究。

2. 快速热解动力学基本方程的确定

根据气固反应理论建立落叶松树皮快速热解速率方程：

$$\mathrm{d}a / \mathrm{d}t = (k_1 + k_2) f(\alpha) \tag{5.1}$$

式中，k_1——生物油生成速率常数，$k_1 = A_1 \cdot \exp(-E_1 / RT)$；

k_2——不凝气体生成速率常数，$k_2 = A_2 \cdot \exp(-E_2 / RT)$；

t——反应时间，s；

E_1、E_2——表观活化能，$\mathrm{J \cdot mol^{-1}}$；

A_1、A_2——频率因子，$\mathrm{s^{-1}}$；

R——摩尔气体常数，$8.314\mathrm{J \cdot mol^{-1} \cdot K^{-1}}$；

α——落叶松树皮快速热解转化率。

5.2.2 落叶松树皮快速热解基本方程的求解

落叶松树皮在快速热解过程中，产生的不凝气体和生物油是同时发生的，因此认为不凝气体和生物油生成速率之比是恒定的，这样，根据不凝气体最终产率和生物油最终产率的比值就可以确定二者生成速率的比值，从而确定不凝气体和生物油生成过程中的反应速率常数的比值。

对式（5.1）积分：

$$\int_0^{\alpha} \frac{\mathrm{d}\alpha}{f(\alpha)} = \int_0^t (k_1 + k_2) \mathrm{d}t$$

设 $F(\alpha) = \int_0^{\alpha} \frac{\mathrm{d}\alpha}{f(\alpha)}$，由于落叶松树皮在喷动循环流化床反应器内热解可以看作等温过程，则

$$F(\alpha)=(k_1+k_2)\cdot t \tag{5.2}$$

$$(k_1+k_2)=F(\alpha)/t$$

对 $(k_1+k_2)=A\cdot\exp(-E/RT)$ 两边取对数，得

$$\ln(k_1+k_2)=\ln A-\frac{E}{RT} \tag{5.3}$$

综合式（5.2）和式（5.3），可得

$$\ln[F(\alpha)/t]=\ln A-\frac{E}{RT} \tag{5.4}$$

由式（5.4）可知，由于 A 在快速热解温度范围内变化很小，可以看作常量，所以 $\ln[F(\alpha)/t]$-$1/T$ 呈线性关系。

根据第 2 章中确定的热解机理函数：

$$F(\alpha)=\{[1/(1-\alpha)]^{1/3}-1\}^2$$

由表 5.4 列出的落叶松树皮快速热解生物油产率和不凝气产率，计算出 $\ln[F(\alpha)/t]$，根据方程（5.4），通过 $\ln[F(\alpha)/t]$-$1/T$ 直线（图 5.5）的斜率和截距计算出 k_1+k_2，利用已求得的不凝气和生物油生成速率常数之比 $k_1:k_2$，进而求得 k_1 和 k_2，根据 k_1 和 k_2 随温度变化曲线分别确定不凝气和生物油的表观活化能及频率因子。计算结果见表 5.5。

表 5.4　落叶松树皮在系统中热解反应产油率与反应时间一览表

工况	T/K	t/s	Y_O/%	Y_g/%	$1/T$
1	723	1.70	58.46	15.29	0.0014
2	723	1.27	54.05	14.25	0.0014
3	723	1.14	63.59	11.82	0.0014
4	723	0.85	62.55	11.26	0.0014
5	773	1.02	69.37	14.25	0.0013
6	773	0.85	69.98	13.55	0.0013
7	773	1.70	63.15	16.98	0.0013
8	773	1.27	59.58	16.38	0.0013
9	823	0.85	71.80	16.04	0.0012
10	823	1.02	75.50	18.26	0.0012
11	823	1.27	73.33	19.38	0.0012
12	823	1.70	70.00	19.58	0.0012
13	873	1.27	59.57	25.84	0.0011
14	873	1.70	60.79	28.08	0.0011
15	873	0.85	62.83	25.85	0.0011
16	873	1.02	67.01	28.13	0.0011

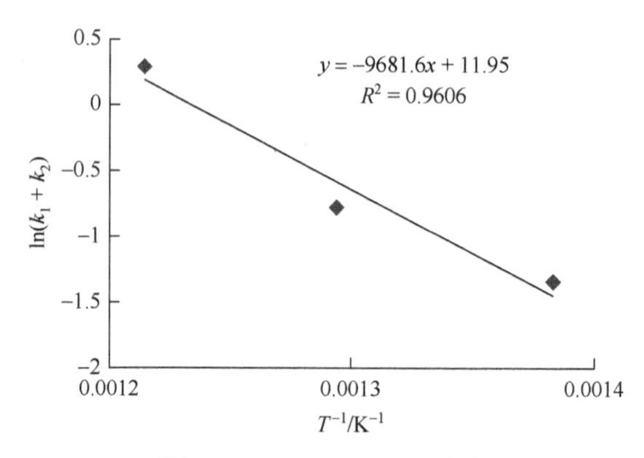

图 5.5　$\ln(k_1+k_2)$-$1/T$ 直线

表 5.5　动力学参数

	$E/(kJ\cdot mol^{-1})$	A/s^{-1}	k_1	k_2
生物油	75.22	56840	0.600	
不凝气	81.98	38253		0.237

由此得到落叶松树皮快速热解动力学方程如下。

生物油产率动力学方程：

$$d\alpha_1 / dt = k_1 f(\alpha_1) \tag{5.6}$$

$$k_1 = 56840 \cdot e^{\left(\frac{75.22}{RT}\right)}$$

不凝气产率动力学方程：

$$d\alpha_2 / dt = k_2 f(\alpha_2) \tag{5.7}$$

$$k_2 = 38253 \cdot e^{\left(\frac{81.98}{RT}\right)}$$

5.2.3　落叶松树皮快速热解模型的验证

落叶松树皮快速热解生物油产率和不凝气产率动力学方程预测值与实验值的比较如图 5.6 和图 5.7 所示。

从图 5.6 中可以看出由生物油产率动力学方程得到的预测值与实验值拟合度很高，其相关系数达到 0.9795。这说明在温度 823K 以下，可以用生物油产率动力学方程对喷动循环流化床落叶松树皮快速热解生物油产率进行模拟预测。

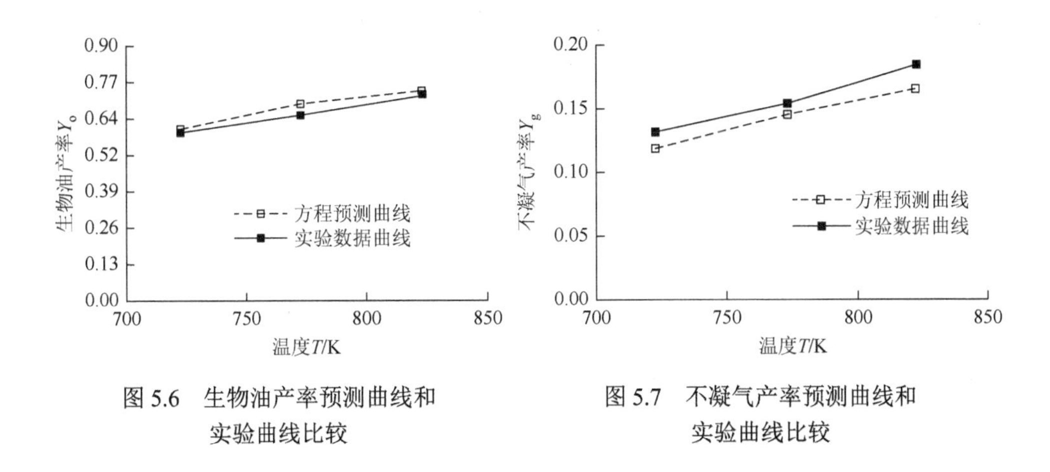

图 5.6　生物油产率预测曲线和实验曲线比较

图 5.7　不凝气产率预测曲线和实验曲线比较

从图 5.7 中可以看出由不凝气产率动力学方程得到的预测值与实验值拟合度很高，其相关系数达到 0.9849。这同样说明在温度 823K 以下，可以用不凝气产率动力学方程对喷动循环流化床落叶松树皮快速热解不凝气产率进行模拟预测。

5.3　落叶松木材快速热解机理

小颗粒的落叶松木材进入床层后经受了强烈的传热过程，使其温度迅速上升到床层温度，在缺少氧的条件下，落叶松木材的大分子结构受到破坏，结构单元断裂形成自由基碎片。侧链和活性基团则易断裂形成低分子产物。这些物质在灼烧的炭、高温器壁和沙粒表面会进行二次裂解，形成二次产物；与此同时落叶松木材结构单元之间经过解聚、缩聚等过程形成炭骨架，由于颗粒受热，从颗粒外表面至内部存在温度梯度，深层热解产物向外扩散，使得炭成为疏松的多孔性物质。最终使产物热解为气、液、固三种产物。

当热解温度达到一定值后，一次热解产物中的生物油发生二次裂解反应，液态长链分子键进一步断链，从而使得短链分子收率明显增加，产气率则显著提高，导致产液率减少。

炭的生成反应主要来自一次热分解反应，炭产率随热解温度的升高而减少，热解温度过高会使生物油的二次裂解概率变大从而降低生物油产率，热解温度过低有可能导致原料的不完全热解。因此为了获得高的生物油产率，应避免二次热解的发生。

在生成一次产物的热解过程中，炭生成的活化能最小，往往能在较低的温度下占据优势，而生成气体和液体产物的活化能相对要高，所以高温有利于油、气的生成。因此，从动力学的角度看，快速升温使得落叶松木材颗粒迅速达到预定的热解温度，缩短落叶松木材颗粒在低温阶段的停留时间，从而降低炭生成概率，可增加生物油的产率，这也是在热解制取生物油技术中强调快速升温的原因。

5.4 本章小结

（1）热解温度对落叶松树皮快速热解产物产率有显著影响，热解温度由 723K 开始，随温度的增加，生物油产率、气体产物产率增加，热解炭产率减少；当热解温度超过 823K 时，生物油产率开始减少，热解炭产率开始增加，气体产率增加的幅度加大。

（2）流化气体流量对落叶松树皮快速热解产物产率有影响。流化气体流量增加，当气体流量增加到 $20m^3 \cdot h^{-1}$ 时，生物油产率开始增加，当流化气体流量达到 $25m^3 \cdot h^{-1}$ 时，生物油产率不发生变化。气体的产率随气体流量的增加，有轻微的下降趋势。热解炭的产率随流化气体流量增加而降低。

（3）在实验条件下，落叶松树皮粒径和进料量对快速热解产物影响不大。

（4）建立了落叶松树皮快速热解产物（生物油）产率和气体产率的热解动力学方程。对方程预测值与实验值的比较表明，此方程能很好地预测落叶松树皮快速热解产物（生物油）和气体的产率。

第 6 章　落叶松木材快速热解工艺优化

目前国内对于木材快速热解的研究基本上还处于实验室阶段，木材快速热解的工程化不仅仅需要解决反应器、流程中其他设备的技术问题，更重要的是整个产业链条中产品的应用可行性、经济性、市场等问题，利用木材快速热解油替代苯酚制备酚醛树脂对于解决下游链条中这一系列问题是很好的途径。

本章的主要研究内容就是在前面工作的基础上，结合生物油改性酚醛树脂制备及胶合板力学性能，对木材快速热解工艺进行优化，以求得到整个产业链的最大效益。

根据第 2 章、第 5 章对于木材热解影响因素的分析，本章采用正交实验设计的方法，以生物油产率、生物油中酚类物质含量及生物油酚醛树脂压制胶合板强度为正交实验考核指标，优化快速热解工艺。采用 4 因素 4 水平的正交实验表 L16（45）。此优化工艺的研究将为生物油直接用于化学合成（不需要进行提纯、分离而直接应用到化学合成上）奠定基础。

6.1　实验方法和过程

6.1.1　实验原料和实验过程

1. 实验原料

在正交实验中采用兴安落叶松树皮；4 种粒径（*d*）：0.2～0.3mm、0.3～0.45mm、0.45～0.9mm 和 0.9～1.2mm；含水率（*W*）：10.3%。

在树皮、实木混合比对热解产物产率影响的研究中采用落叶松实木；粒径（*d*）：0.3～0.45mm；含水率（*W*）：10.3%。

在含水率对热解产物产率影响的研究中采用落叶松树皮和实木；粒径（*d*）：0.3～0.45mm；含水率（*W*）：10.3%。

2. 实验设备

自行研制的喷动循环流化床快速热解系统见图 3.1。

3. 实验地点

北京林业大学木材快速热解实验室。

4. 实验过程

（1）打开加热反应器，开动风机，当温度达到 373K 时，启动冷却循环泵对冷凝器进行冷却。

（2）当系统工况达到实验要求时，向进料装置的料斗中加入称取的物料，启动进料装置，观察收集生物油的三口烧瓶里面出现乳白色烟雾，说明热解反应正在进行，此时开始记录排出气体的流量和时间，同时注意进料量的情况。

（3）待螺旋进料器进料完毕后，停止风机，冷凝系统继续运行，直到生物油不再从冷凝器流出为止。

（4）收集三口烧瓶中的生物油做好标签，以备检测和合成生物油酚醛树脂胶黏剂用，取出集炭器中的固体炭做好标签。

6.1.2　正交实验设计

以生物油产率、生物油中酚类物质含量、生物油酚醛树脂胶黏剂压制胶合板的强度为考核指标，采用 4 因素 4 水平的正交实验设计，研究热解温度（T）、进料量（螺旋转速 n）、流化气体流量（Q）和物料粒径（d）4 个因素对落叶松树皮快速热解生物油的上述指标的影响。正交实验因素水平见表 6.1，根据正交实验因素水平表安排了 16 组实验方案，见表 6.2。同时研究热解温度（T）、进料量（螺旋转速 n）、流化气体流量（Q）和物料粒径（d）4 个因素对落叶松树皮快速热解副产物（炭）堆积密度的影响。

表 6.1　因素水平表

因素	T/K	d/mm	n/(r·min^{-1})	Q/(m^3·h^{-1})
水平 1	723	0.45～0.90	20	15
水平 2	773	0.30～0.45	30	20
水平 3	823	0.20～0.30	40	25
水平 4	873	0.90～1.20	50	30

表 6.2　落叶松树皮热解正交实验工艺参数表

工况	T/K	d/mm	n/(r·min^{-1})	Q/(m^3·h^{-1})	指标		
					产油率①/%	酚类物质含量②/%	胶合强度③/MPa
1	723	0.45～0.90	20	15	58.46	24.97	0.6
2	723	0.30～0.45	30	20	54.05	33.12	0.8
3	723	0.20～0.30	40	25	63.59	20.62	0.9

续表

工况	T/K	d/mm	n/(r·min^{-1})	Q/(m^3·h^{-1})	指标		
					产油率①/%	酚类物质含量②/%	胶合强度③/MPa
4	723	0.90～1.20	50	30	62.55	21.33	0.7
5	773	0.45～0.90	30	25	69.37	21.62	0.8
6	773	0.30～0.45	20	30	69.98	32.40	0.6
7	773	0.20～0.30	50	15	63.15	34.63	0.7
8	773	0.90～1.20	40	20	59.58	9.50	0.9
9	823	0.45～0.90	40	30	71.80	30.97	0.8
10	823	0.30～0.45	50	25	75.50	39.02	0.8
11	823	0.20～0.30	20	20	73.33	30.12	1.0
12	823	0.90～1.20	30	15	61.99	32.23	1.1
13	873	0.45～0.90	50	20	66.18	38.38	0.9
14	873	0.30～0.45	40	15	67.54	36.33	1.1
15	873	0.20～0.30	30	30	69.81	30.87	0.9
16	873	0.90～1.20	20	25	67.44	26.87	0.9

注：①生物油产率通过实验数据计算得到。②酚类物质含量的数据来源于第 7 章。③胶合强度数据为用生物油替代 20%苯酚制备生物油酚醛树脂，取杨木单板制成三层胶合板所测得的胶合强度（压板工艺：热压温度 413K，压力 1.8MPa，热压时间 3min；检测标准：GB/T 9846—2004）。

6.2　实验结果与分析

实验结果及极差分析、方差分析和直观分析结果列于表 6.2～表 6.7、图 6.1～图 6.4。

6.2.1　工艺参数对生物油产率、酚类物质含量及胶合强度的影响

1. 极差分析

在极差分析中，某因素所对应的极差越大说明其对指标影响程度也越显著。三个考核指标因素级差分析见表 6.3。分析结果表明，四个因素对生物油产率影响差异程度的次序依次为：$T>Q>d>n$；对酚类物质含量影响差异程度的次序依次为：$d>T>n>Q$；对胶合强度影响差异程度的次序依次为：$T>Q>d>n$。由此可以看出，单独由某一指标优化的因素水平并不一定是其他指标中最佳的因素水平。所以，要根据各因素对生物油产率、酚类物质含量及胶合强度指标的综合影响，优化快速热解工艺参数。

表 6.3 因素极差表 1

指标	级差 R				
	T	d	n	Q	空白
生物油产率/%	24.5	18.3	14.0	20.8	16.4
酚类物质含量/%	34.31	50.96	34.03	20.02	21.23
胶合强度/MPa	0.76	0.56	0.47	0.59	0.40

2. 方差分析

四个因素对各指标影响的显著性见表 6.4。通过 F 检验发现，温度 T 对生物油产率的影响极显著，流量 Q 对生物油产率的影响较显著，而落叶松树皮粒径 d 和螺旋进料器转速 n 影响不显著，因此对生物油产率应重点考察热解温度 T 和流化气体流量 Q 这两个因素；温度 T 和落叶松树皮粒径 d 对酚类物质含量影响较显著，螺旋进料器转速 n 和流化气体流量 Q 对酚类物质含量影响不显著，因此对酚类物质含量应重点考察温度 T 和落叶松树皮粒径 d；只有温度 T 对胶合强度影响较显著，因此对胶合强度应重点考察温度 T。

表 6.4 因素影响显著性表

因素	生物油产率		酚类物质含量		胶合强度	
	F	显著性	F	显著性	F	显著性
T	7.47	**	3.38	*	3.97	*
d	1.44		3.94	*	1.19	
n	0.84		1.98		1.43	
Q	3.78	*	0.71		1.33	

注：$F_{0.01} = 5.42$；$F_{0.05} = 3.29$。
**表示极显著，*表示较显著，空白处表示不显著。

3. 直观分析

1）生物油产率、酚类物质含量和胶合强度指标达到最高的工艺参数数值

由直观分析可以发现生物油产率、酚类物质含量和胶合强度达到最高的工艺参数数值如下。

由图 6.1 可知，生物油产率达到最高的四个工艺参数数值分别为：$T = 823\text{K}$，$d = 0.2 \sim 0.3\text{mm}$，$n = 20\text{r}\cdot\text{min}^{-1}$，$Q = 25\text{m}^3\cdot\text{h}^{-1}$。

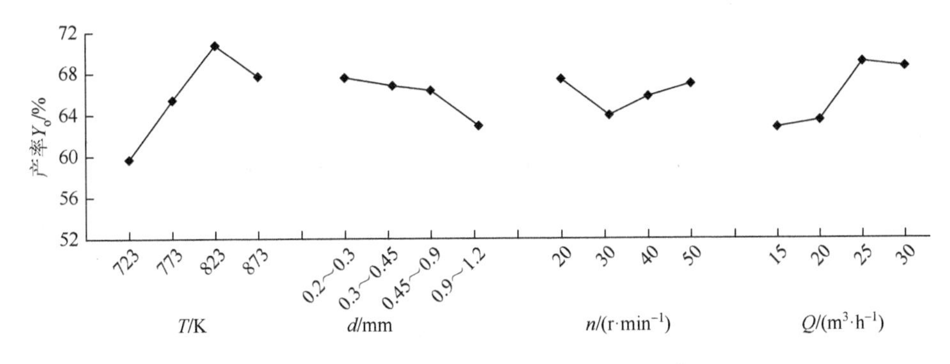

图6.1　生物油产率与各因素水平的关系

由图6.2可知，生物油中酚类物质含量达到最高的四个工艺参数数值分别为：$T=823\text{K}$或873K，$d=0.3\sim0.45\text{mm}$，$n=50\text{r}\cdot\text{min}^{-1}$，$Q=15\text{m}^3\cdot\text{h}^{-1}$。

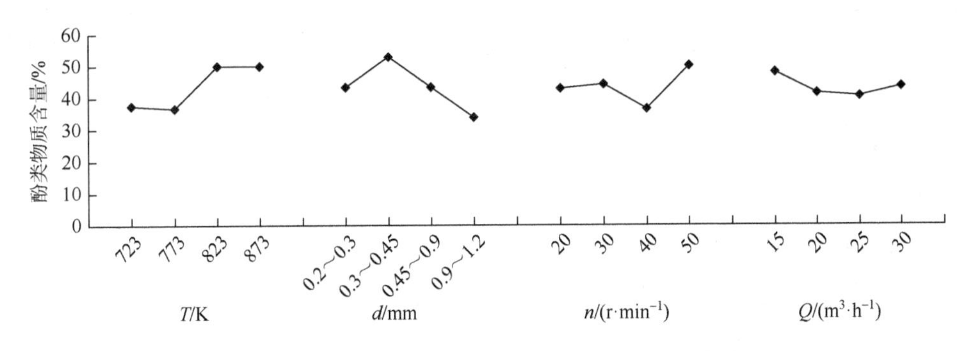

图6.2　生物油中酚类物质含量与各因素水平关系

由图6.3可知，胶合板胶合强度达到最高的四个工艺参数数值分别为：$T=873\text{K}$，$d=0.9\sim1.2\text{mm}$，$n=40\text{r}\cdot\text{min}^{-1}$，$Q=20\text{m}^3\cdot\text{h}^{-1}$。

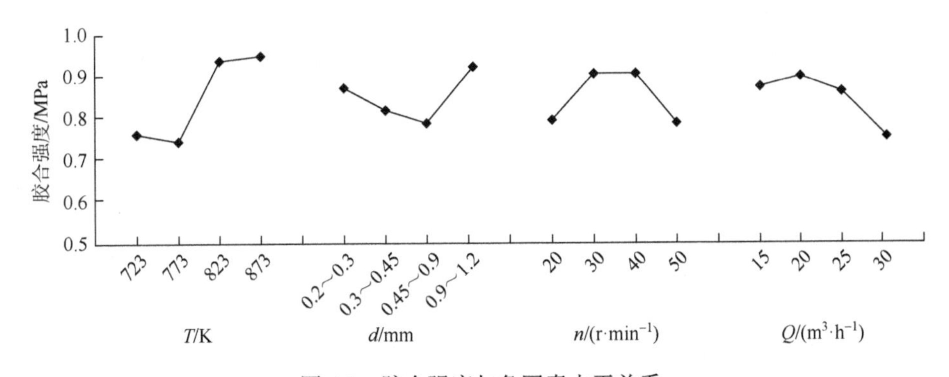

图6.3　胶合强度与各因素水平关系

2）四个工艺参数对生物油产率的影响

由图 6.1 可以看出：生物油产率在温度 823K 时最大，大于 823K 和小于 823K 时生物油产率都会降低。由此推论：落叶松树皮喷动循环流化床快速热解过程中，在温度 773K 和 873K 之间一定存在生物油产率最大的温度值。

粒径增大，生物油产率减少，从生物油产率与粒径的关系看出最大生物油产率的粒径在 0.2～0.3mm，符合快速热解过程中提高生物油产率的高升温速率要求（粒径越小升温速率越大）。

进料量较低（螺旋转速 $20r \cdot min^{-1}$）时，生物油产率较高，随着进料量增加，生物油产率逐渐下降，螺旋转速 $30r \cdot min^{-1}$ 时达到最低，然后随着进料量增加，生物油产率逐渐回升，螺旋转速达到 $50r \cdot min^{-1}$ 时达到最高，接近螺旋转速 $20r \cdot min^{-1}$ 的水平。这表明在一定范围内，生物油产率随进料量增加而提高，热解经济性提高，成本降低。出现这种现象的主要原因有两方面：一是随着进料量增加，喷动循环流化床中的床层厚度增加，进而使热解气体在喷动循环流化床反应器内移动的距离变短；二是由于喷动循环流化床反应器内热解气体流量增加，热解气体流速增加。热解气体在喷动循环流化床反应器内滞留的时间变短，降低了二次裂解的可能，使生物油产率增加。

流化气体流量由 $15m^3 \cdot h^{-1}$ 增加到 $20m^3 \cdot h^{-1}$，生物油产率基本没有变化，流化气体流量由 $20m^3 \cdot h^{-1}$ 增加到 $25m^3 \cdot h^{-1}$，生物油产率增加幅度很大，而流化气体流量由 $25m^3 \cdot h^{-1}$ 增加到 $30m^3 \cdot h^{-1}$，生物油产率呈减少趋势。

3）四个工艺参数对生物油中酚类物质含量的影响

由图 6.2 可以看出：温度在 723K 和 773K 之间时，随温度升高酚类物质含量几乎没有变化，温度在 773K 和 823K 之间，随着温度升高酚类物质含量显著增加，超过 823K 以后（873K 之前），酚类物质含量基本上不变。这说明喷动循环流化床落叶松树皮快速热解过程中，温度超过 823K 以后，酚类物质含量与热解温度无关。

粒径在 0.2～0.45mm 之间时，随着粒径的增大酚类物质含量提高，大于 0.45mm 以后，酚类物质的含量随粒径的增加直线降低。

螺旋进料器转速在 $20 \sim 30r \cdot min^{-1}$ 之间时，酚类物质含量基本没有变化，在 $30 \sim 40r \cdot min^{-1}$ 之间时，随着进料量增加酚类物质含量显著下降，转速在 $40r \cdot min^{-1}$ 时达到最低点，而后又显著上升，在转速 $50r \cdot min^{-1}$ 的位置达到最大值。

生物油中酚类物质含量随流化气体流量增加开始较明显下降，在流化气体流量达到 $20m^3 \cdot h^{-1}$ 时趋于平缓。

4）四个工艺参数对胶合强度的影响

由图 6.3 可以看出：温度对胶合强度的影响与温度对生物油中酚类物质含量的影响有相似之处，胶合强度随温度的变化在 723K 和 773K 之间稍有下降，在 773K 和 823K 之间急剧增高，在 823K 和 873K 之间基本保持不变。这说明在喷动循环流化床落叶松树皮快速热解过程中，达到 823K 以后，热解温度升高对胶合强度基本没有影响。

从粒径 0.2mm 开始，胶合强度随粒径的增大而显著下降，到 0.9mm 粒径时降到最低，而后随粒径增大急剧增强，在粒径 1.2mm 时达到最高。

从螺旋进料器转速 $20r\cdot min^{-1}$ 开始，胶合强度随进料量增加而明显增高，在 $30r\cdot min^{-1}$ 转速处，达到最高，而后趋于平缓，在 $40r\cdot min^{-1}$ 转速处开始急剧下降，在 $50r\cdot min^{-1}$ 处降到最低。

胶合强度随流化气体流量增加逐渐下降。

6.2.2　工艺参数对炭堆积密度的影响

落叶松树皮快速热解过程中，也产生副产物热解炭。为了利用热解炭和设计喷动循环流化床快速热解系统中气固分离器，研究热解工艺参数对炭堆积密度的影响。

表 6.5 是落叶松树皮热解正交工艺参数及热解产物炭的堆积密度的实验结果，表 6.6 是炭堆积密度的因素极差分析表，由表中数据可知，四个因素对炭堆积密度影响差异程度的次序为：$d>Q>T>n$。

表 6.5　落叶松树皮热解正交实验工艺参数表及热解产物炭的堆积密度

工况	T/K	d/mm	n/($r\cdot min^{-1}$)	Q/($m^3\cdot h^{-1}$)	堆积密度/($kg\cdot m^{-3}$)
1	723	0.45～0.90	20	15	107.0
2	723	0.30～0.45	30	20	166.7
3	723	0.20～0.30	40	25	138.0
4	723	0.90～1.20	50	30	140.0
5	773	0.45～0.90	30	25	142.8
6	773	0.30～0.45	20	30	166.7
7	773	0.20～0.30	50	15	134.2
8	773	0.90～1.20	40	20	57.4
9	823	0.45～0.90	40	30	141.7
10	823	0.30～0.45	50	25	150.0
11	823	0.20～0.30	20	20	260.0
12	823	0.90～1.20	30	15	31.2
13	873	0.45～0.90	50	20	147.0
14	873	0.30～0.45	40	15	161.0
15	873	0.20～0.30	30	30	241.9
16	873	0.90～1.20	20	25	137.0

表 6.6 因素极差表 2

指标	级差 R				
	T	d	n	Q	空白
固体炭堆积密度/(kg·m^{-3})	185.9	408.5	172.6	256.9	220.9

表 6.7 是四个因素对炭堆积密度影响显著性表。分析可知，粒径 d 对炭堆积密度影响较显著，其他三个参数影响不显著。

表 6.7 因素影响显著性表

因素	固体炭的堆积密度	
	F	显著性
T	0.73	
d	3.54	*
n	0.59	
Q	1.44	

注：$F_{0.01} = 5.42$；$F_{0.05} = 3.29$。

*表示较显著，空白处表示不显著。

由图 6.4 可以发现，炭的堆积密度随温度的增加而呈增加趋势，随粒径的增加而呈直线减少；随螺旋进料器转速增加而呈减少趋势，但减少的幅度比粒径的影响要小；随流化气体流量增加而呈增加趋势。

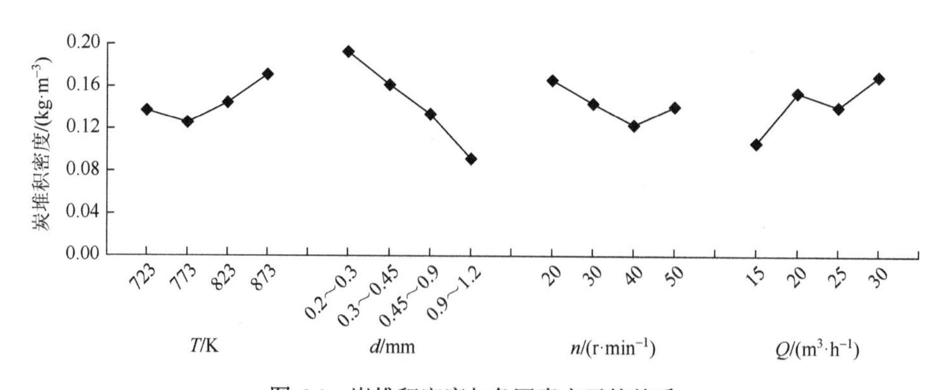

图 6.4 炭堆积密度与各因素水平的关系

6.2.3 工艺参数优化

通过上面的分析，综合考虑确定各优化指标：首先胶合板胶合强度必须满足国家标准，其次为生物油产率指标，再次为生物油中酚类物质含量指标。基于上述优化原则优化工艺参数。

1. 温度

温度 T 选择 823K 满足对生物油产率和生物油中酚类物质含量的要求。当温度 $T=823K$ 时，胶合强度为 0.94MPa，满足国家标准对杨木胶合板胶合强度应大于 0.7MPa 的要求，所以确定优化工艺的温度 $T=823K$。

2. 粒径

由图 6.1、图 6.2、图 6.3 可知生物油产率、生物油中酚类物质含量和胶合强度均达到最大值时，要求的落叶松树皮颗粒的粒径为三个不同粒径范围，综合分析后对于生物油产率来说，落叶松树皮颗粒粒径在极差分析中排在第三位，因素显著性分析中为不显著因素，所以对于生物油产率来说，落叶松树皮颗粒粒径不作为主要考察因素。对于生物油中酚类物质含量来说，落叶松树皮颗粒粒径在极差分析中排在第一位，因素显著性分析中为主要的影响因素，因此对于生物油中酚类物质含量来说，落叶松树皮颗粒粒径作为主要因素考察，选取落叶松颗粒粒径 $d=0.3\sim0.45mm$。而对于指标胶合强度来说，落叶松树皮颗粒的粒径在极差分析中排在第三位，在因素显著性分析中是不显著因素，且当 $d=0.3\sim0.45mm$ 时胶合强度为 0.82MPa，满足国家标准关于杨木胶合板胶合强度大于 0.7MPa 的要求，因此优化的落叶松树皮颗粒粒径 $d=0.3\sim0.45mm$。

3. 螺旋转速（进料量）

由图 6.1、图 6.2、图 6.3 可知生物油产率、生物油中酚类物质含量和胶合强度均达到最大值时，要求的螺旋转速为三个不同转速。在极差分析中，对于指标生物油产率和胶合强度来说，因素 n 排在最后三位；对于生物油中酚类物质含量来说 n 排在第一位，且在因素显著性分析中，因素 n 对于生物油产率、生物油中酚类物质含量和胶合强度三个指标来说不是显著性因素，由于 n 的四个水平对应胶合强度均大于 0.7MPa，因此以生物油产率和生物油中酚类物质含量作为重点考虑指标，则选择 $n=20r\cdot min^{-1}$，优化后的螺旋转速为 $20r\cdot min^{-1}$。

4. 流化气体流量

生物油产率达到最大值时的流化气体流量 $Q=25m^3\cdot h^{-1}$。在极差分析中 Q 排在第四位，在显著性分析中是显著性因素。对于生物油酚类物质含量来说，Q 在极差分析中排在最后一位，显著性分析中是不显著因素，不作考虑。对于胶合强度来说，$Q=25m^3\cdot h^{-1}$ 时胶合强度最大，因此优化的流化气体流量 $Q=25m^3\cdot h^{-1}$。

综合考虑生物油产率、生物油中酚类物质含量及胶合强度，最终确定优化工艺参数为：$T=823\mathrm{K}$，$d=0.3\sim0.45\mathrm{mm}$，$n=20\mathrm{r\cdot min^{-1}}$，$Q=25\mathrm{mm^3\cdot h^{-1}}$。

对于生物油产率来说，T 是影响极显著的因素，Q 是影响较显著的因素；对于生物油中酚类物质含量来说，T、d 是影响较显著的因素；对于胶合强度来说，T 是影响较显著的因素。

由以上分析看出：影响胶合强度的显著性因素温度 T 也是影响生物油中酚类物质含量的显著性因素，说明生物油中酚类物质含量决定生物油酚醛树脂胶黏剂的胶合强度，但酚类物质中并不是所有的成分都对生物油酚醛树脂胶黏剂的胶合强度起重要作用。以生物油合成生物油酚醛树脂胶黏剂为目标，进一步优化快速热解工艺，必须弄清楚生物油合成生物油酚醛树脂胶黏剂的合成机理，确定出酚类物质中哪些成分在生物油合成酚醛树脂胶中起决定性作用，从而为提高生物油苯酚替代率，进一步优化快速热解工艺，提供技术资料。

6.3 物料混合比、含水率对热解产物产率的影响

本节主要研究优化工艺条件（$T=823\mathrm{K}$，$d=0.3\sim0.45\mathrm{mm}$，$n=20\mathrm{r\cdot min^{-1}}$，$Q=25\mathrm{m^3\cdot h^{-1}}$）下落叶松树皮和实木混合比、落叶松树皮含水率对快速热解产物产率的影响。

6.3.1 物料混合比对热解产物产率的影响

图 6.5 描述了落叶松树皮和落叶松实木混合物快速热解过程中混合比（k）对气、液、固产物产率的影响。图中所示的直线表示理论计算值，而中间点表示不同 k 条件下热解实际所得产物产率的实验值。

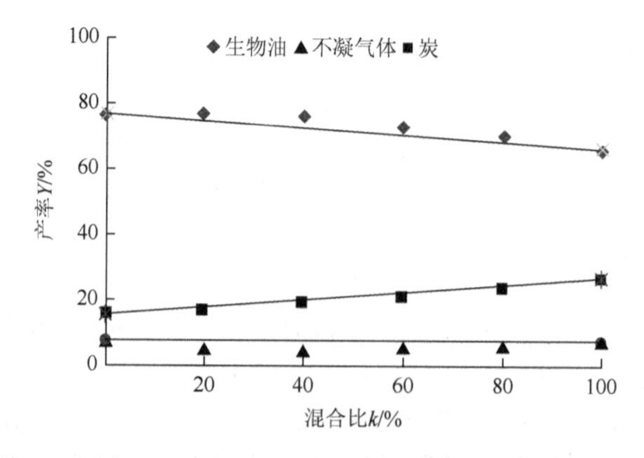

图 6.5 温度 823K 时不同混合比对快速热解产物产率的影响

理论产率是根据混合物的快速热解产物产量等于落叶松树皮和实木分别快速热解产物产量的算术和进行计算的。其过程如下。

例如，若落叶松树皮和实木在快速热解过程中没有发生协同反应，则在任何给定的生物质混合比例下，炭产率的理论计算值（$Y_{炭}$）可由如下公式计算

$$Y_{炭}=k\times[Y_{树皮,炭}]+(1-k)\times[Y_{实木,炭}]$$

式中，k——混合物比例，$k=\dfrac{m_{树皮}}{m_{树皮}+m_{实木}}$，其中 $m_{树皮}$是落叶松树皮的质量，$m_{实木}$是落叶松实木的质量；

$Y_{树皮,炭}$——落叶松树皮热解炭产率（相对应的 $k=1$）；

$Y_{实木,炭}$——落叶松实木炭产率（相对应的 $k=0$）。

上式也同样适用于气体、液体产物产率以及各气体组分产率理论值的计算（张丽，2006）。

由图 6.5 可以看出，随混合比的增加生物油的产率减少，炭的产率增加。主要原因是，木素是形成炭的主要来源，而落叶松树皮中木质素含量远远高于落叶松实木（表 2.3）。落叶松树皮热解产物中生物油产率低于落叶松实木，混合物热解产物生物油的产率主要取决于混合物中实木的含量，所以随混合比的增加，混合物热解产物生物油产率减少。在第 2 章的热重分析中，落叶松实木的热解转化率高于落叶松树皮，也验证了这点。

将理论值和实验值相比较可以发现，热解温度在 823K 时，炭产率与理论值吻合得很好，说明混合生物质在炭形成的热解过程中，没有发生协同反应；对于生物油的形成过程，在 $k=0.2$～0.8 之间，不同 k 下的生物油产率略高于理论值，说明在生物油形成的热解过程中，落叶松树皮和实木发生了协同反应，这可能是由于落叶松树皮和实木在热解过程中，相互之间抑制了二次反应，使生物油的产率有所提高。

由图 6.5 可以看出，在优化工艺下，落叶松树皮快速热解生物油产率为 66%左右，实木快速热解生物油产率为 74%左右。落叶松树皮热解产物生物油产率为 66%，并不是正交工艺的 16 种方案中的最大值，主要是优化工艺综合考虑实验指标的结果。

图 6.6 为 k 与热解产物炭堆积密度的关系图，可以看出随着 k 的增加，炭的堆积密度增加。堆积密度增加是因为落叶松树皮热解产物炭的堆积密度大于实木热解产物炭的堆积密度。落叶松树皮热解产物炭的堆积密度与实木热解产物炭的堆积密度不同，主要是由于纤维素、半纤维素、木素含量不同。

6.3.2　含水率对落叶松树皮热解产物产率的影响

图 6.7 为含水率对落叶松树皮的热解产物产率影响的关系图。由图可知，含水率对炭产率没有明显的影响，但对生物油和不凝气体产率影响很大，含水率由

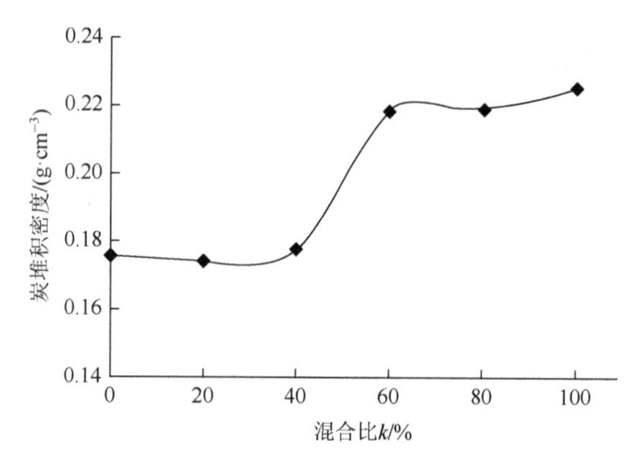

图 6.6　不同混合比下炭的堆积密度

10.3%到 25%，生物油的产率降低，不凝气体产率升高；含水率高于 25%，生物油的产率增加，不凝气体产率降低。

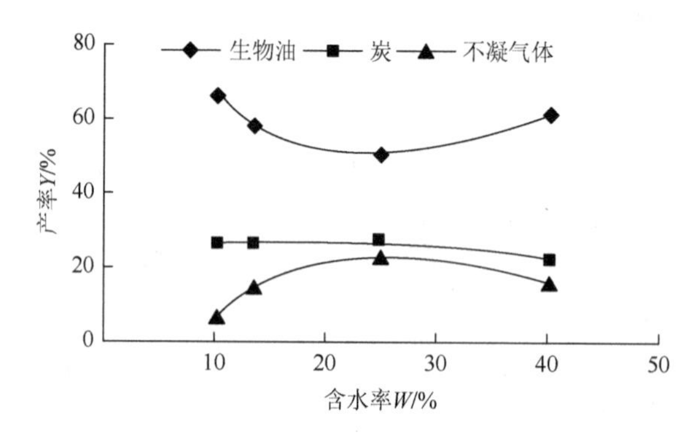

图 6.7　含水率对热解产物产率的影响

为了研究含水率对快速热解产物产率影响的规律，特进行如下假设：在热解过程中，假设水分与落叶松树皮没有发生反应，且水分都进入生物油中，则落叶松树皮不同含水率下快速热解产物（气体和炭）理论产率如下：

$$Y = Y_X / (1 + W)$$

式中，Y——不同含水率下落叶松树皮热解产物气体和炭的产率；

Y_X——绝干落叶松树皮快速热解下不同产物产率；

W——含水率。

由上式看出落叶松树皮的热解产物不凝气体和炭产率随含水率的增加而减少。而生物油产率随含水率的增加而增加。

但图 6.7 中，炭产率曲线近似一条水平直线，不凝气体产率曲线中间向上凸起，可见含水率在 25%以下时，水分对落叶松树皮快速热解反应影响很大。在反应中水分抑制了落叶松树皮快速热解气相产物的生成，而炭产率没有降低。主要是含水率在25%以下时，蒸发到不凝气体中的水分，有少部分冷凝下来，导致不凝气体产率增加，生物油产率减少。

当含水率高于25%时，水分的状态处于自由水状态，在热解过程中产生大量的蒸气，而不凝气体容纳水分的能力是有限的，致使大量的水分凝结下来，使生物油产率增加，气体产率减少。

图6.8是含水率对落叶松树皮快速热解产物炭堆积密度影响的关系图。可以看出随着含水率的增加，炭的堆积密度降低，主要原因在于落叶松树皮在热解过程中，气化的水分作用于炭，与炭发生气化反应，改变了炭的物理结构。

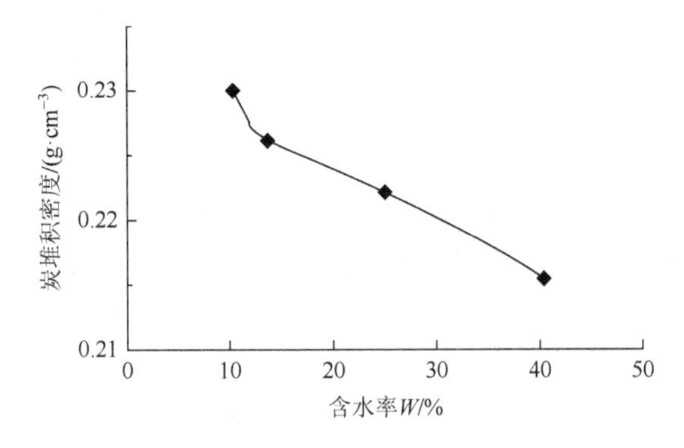

图6.8 含水率对炭堆积密度的影响

6.4 经济效益分析

6.4.1 生物油生产成本分析

1. 实验室规模生产生物油成本

假设：设备投入费用126000元，设备使用寿命按50000h计，折旧费用为2.52元·h^{-1}。

1）原料成本

原料按落叶松木材加工剩余物计算。原料假设是80%的落叶松树皮和20%的落叶松实木的混合物，目前剩余物的收购价大约为0.1元·kg^{-1}。根据6.23节优化工艺生物油产率，计算其产油率为70%，故每生产1000kg生物油大约需要1430kg生物质，生产1000kg生物油的原料成本为0.143元·kg^{-1}。

原料预处理费按0.005元·kg^{-1}计算（朱锡峰和朱建萍，2004），则生产1000kg生物油的原料预处理费用为0.00715元·kg^{-1}。

2）设备折旧和维护费用

优化工艺要求进料器螺旋转速为 20r·min^{-1}，则其进料量为 11kg·h^{-1}；喷动循环流化床快速热解系统的设计生产能力为 25kg·h^{-1}；实际测试其进料量为 40kg·h^{-1}，生产状态依然正常。生产 1000kg 生物油，根据不同的进料量有三个不同的生产时间，分别是 129h、57h 和 36h。生产 1000kg 生物油的运行折旧费分别为 0.325 元·kg^{-1}、0.144 元·kg^{-1} 和 0.091 元·kg^{-1}。

运行维护费用，按运行折旧费的 5%计算，则生产 1000kg 生物油的运行维护费分别为 0.01625 元·kg^{-1}、0.0072 元·kg^{-1} 和 0.00455 元·kg^{-1}。

3）工人工资

工人工资的计算，按每班 2 人，工时费 5 元·h^{-1} 计，则生产 1000kg 生物油的工人工资费用分别为 1.29 元·kg^{-1}、0.57 元·kg^{-1} 和 0.36 元·kg^{-1}。

4）电费

电费按 0.5 元·kW^{-1}·h^{-1} 计算，设备总的运行功率为 33kW，其中加热功率为 27kW，流化气体动力消耗 4kW，其他 2kW。但实际运行过程中加热系统并不是一直在工作，根据测试，实际的有效工作时间是整体运行时间的 50%，则生产 1000kg 生物油的电力消耗分别为 1.258 元·kg^{-1}、0.556 元·kg^{-1} 和 0.351 元·kg^{-1}。

5）其他费用

按上述总费用的 10%计算，生产 1000kg 生物油的费用分别为：0.304 元·kg^{-1}、0.143 元·kg^{-1} 和 0.096 元·kg^{-1}。

总的生物油生产成本核算见表 6.8～表 6.10。

表 6.8　进料量为 11kg·h^{-1} 落叶松生产生物油成本

原料费/(元·kg^{-1})	原料预处理费/(元·kg^{-1})	折旧费/(元·kg^{-1})	维护费/(元·kg^{-1})	工资/(元·kg^{-1})	电费/(元·kg^{-1})	其他/(元·kg^{-1})	合计/(元·kg^{-1})
0.143	0.00715	0.325	0.01625	1.29	1.258	0.304	3.343

表 6.9　进料量为 25kg·h^{-1} 落叶松生产生物油成本

原料费/(元·kg^{-1})	原料预处理费/(元·kg^{-1})	折旧费/(元·kg^{-1})	维护费/(元·kg^{-1})	工资/(元·kg^{-1})	电费/(元·kg^{-1})	其他/(元·kg^{-1})	合计/(元·kg^{-1})
0.143	0.00715	0.144	0.0072	0.57	0.556	0.143	1.570

表 6.10　进料量为 40kg·h^{-1} 落叶松生产生物油成本

原料费/(元·kg^{-1})	原料预处理费/(元·kg^{-1})	折旧费/(元·kg^{-1})	维护费/(元·kg^{-1})	工资/(元·kg^{-1})	电费/(元·kg^{-1})	其他/(元·kg^{-1})	合计/(元·kg^{-1})
0.143	0.00715	0.091	0.00455	0.36	0.351	0.096	1.052

表 6.8～表 6.10 是不同进料速度下生产 1000kg 生物油的成本分析，可以看出生产能力是生物油生产成本的决定性因素，喷动循环流化床快速热解系统的工业放大是解决生物油生产成本的技术关键。

2. 工业化生产生物油生产成本

若将喷动循环流化床快速热解系统放大到生产能力为 $1000kg \cdot h^{-1}$（每小时加工 1000kg 生物质）的系统，并且加热系统不使用电加热，而采用燃烧煤炭产生热量的方式，则生物油的生产成本分析见表 6.11。其中设备投入费用按照生产能力等比例放大的方式计算，设备投资按照 2600000 元计算，工人工资是按照每班 4 人进行计算，能源消耗也是按照生产能力等比例放大后计算，煤炭的价格按照 0.400 元$\cdot kg^{-1}$计算。由表 6.11 可以看出按照以上产业化方式进料量为 $1000kg \cdot h^{-1}$，生物油的生产成本降到 0.521 元$\cdot kg^{-1}$左右。

表 6.11　进料量为 $1000kg \cdot h^{-1}$ 落叶松生产生物油成本

原料费/(元$\cdot kg^{-1}$)	原料预处理费/(元$\cdot kg^{-1}$)	折旧费/(元$\cdot kg^{-1}$)	维护费/(元$\cdot kg^{-1}$)	工资/(元$\cdot kg^{-1}$)	电费/(元$\cdot kg^{-1}$)	其他/(元$\cdot kg^{-1}$)	合计/(元$\cdot kg^{-1}$)
0.143	0.00715	0.144	0.0072	0.0286	0.144	0.0474	0.521

6.4.2　预期效益分析

1. 年生产能力

按照年工作日为 300 天，每天工作时间 24h 计算。

实验室条件下：按设计能力计算，年生产生物油为 126000kg。

工业化条件下：以进料量为 $1000kg \cdot h^{-1}$ 喷动循环流化床快速热解系统生产生物油，年产生物油为 5040000kg。

2. 以生物油部分替代苯酚合成生物油酚醛树脂胶黏剂产生的效益分析

生物油销售价格与其用途有关，本项目是利用生物油替代部分苯酚生产生物油酚醛树脂胶黏剂，目前工业苯酚的价格是 14～16 元$\cdot kg^{-1}$。生物油替代 40%的苯酚合成生物油酚醛树脂胶黏剂已经获得成功。

1）实验室条件下生产生物油酚醛树脂胶黏剂的年毛利润计算

根据生物油酚醛树脂胶黏剂合成工艺要求，按照生物油的生产成本 3.343 元$\cdot kg^{-1}$计算，与工业苯酚（工业苯酚价格 14 元$\cdot kg^{-1}$）相比，利用生物油合成 1000kg 生物油酚醛树脂胶黏剂可降低成本 1.149 元$\cdot kg^{-1}$；若生物油生产成本为 1.570

元·kg^{-1}，则生产 1000kg 生物油酚醛树脂胶黏剂可降低成本 1.297 元·kg^{-1}；若生物油生产成本为 1.052 元·kg^{-1}，则利用生物油合成 1000kg 生物油酚醛树脂胶黏剂可降低成本 1.341 元·kg^{-1}。核算过程见表 6.12～表 6.14。

表 6.12　生物油酚醛树脂胶黏剂成本分析（生物油生产成本为 3.343 元·kg^{-1}）

工业苯酚/(元·kg^{-1})	生物油/(元·kg^{-1})	苯酚替代率/%	苯酚/酚醛树脂胶/%	成本降低额/(元·kg^{-1})
14	3.343	40	27	1.149

表 6.13　生物油酚醛树脂胶黏剂成本分析（生物油生产成本为 1.570 元·kg^{-1}）

工业苯酚/(元·kg^{-1})	生物油/(元·kg^{-1})	苯酚替代率/%	苯酚/酚醛树脂胶/%	成本降低额/(元·kg^{-1})
14	1.570	40	27	1.297

表 6.14　生物油酚醛树脂胶黏剂成本分析（生物油生产成本为 1.052 元·kg^{-1}）

工业苯酚/(元·kg^{-1})	生物油/(元·kg^{-1})	苯酚替代率/%	苯酚/酚醛树脂胶/%	成本降低额/(元·kg^{-1})
14	1.052	40	27	1.341

以实验室规模（设计生产能力）生产的生物油合成生物油酚醛树脂胶黏剂计算，与全部应用苯酚合成酚醛树脂胶黏剂相比，因为应用生物油而获得额外年毛利润为 151000 元。核算过程见表 6.15。

表 6.15　实验室条件下的生物油合成酚醛树脂胶黏剂年利润核算

生物油产量/(kg·a^{-1})	成本降低额/(元·kg^{-1})	苯酚替代率/%	苯酚/酚醛树脂胶/%	生物油酚醛树脂胶生产量/(kg·a^{-1})	年毛利/元
84000	1.297	40	27	1137000	151000

2）工业化生产条件下生产生物油酚醛树脂胶黏剂的年毛利润计算

按照工业化生产生物油的生产成本 0.521 元·kg^{-1} 计算，与工业苯酚相比，利用生物油合成 1000kg 生物油酚醛树脂胶黏剂可降低成本 1.45 元·kg^{-1}。核算过程见表 6.16。

表 6.16　生物油酚醛树脂胶黏剂成本分析分析

工业苯酚/(元·kg^{-1})	生物油/(元·kg^{-1})	苯酚替代率/%	苯酚/酚醛树脂胶/%	成本降低额/(元·kg^{-1})
14	0.521	40	27	1.45

以工业化生产的生物油出售给胶厂的效益分析如下。

参考目前苯酚价格 14 元·kg^{-1}，预计生物油出售给胶厂的价格为 1.5 元·kg^{-1}。则生产生物油年毛利润为 4935000 元，一年可收回设备投入。

以年产 15000000kg 酚醛树脂胶黏剂的胶厂核算，因为使用喷动循环流化床快速热解系统生产的生物油而使胶厂一年额外获得毛利润 21750000 元。

若自建胶厂，利用自产的生物油合成生物油酚醛树脂胶黏剂，比全部使用苯酚生产酚醛树脂胶黏剂一年额外获得毛利润 67670000 元。核算过程见表 6.17。

表 6.17 自建胶厂的综合利润分析

生物油产量/($kg\cdot a^{-1}$)	苯酚替代率/%	苯酚/酚醛树脂胶/%	生物油酚醛树脂胶黏剂生产量/($kg\cdot a^{-1}$)	生物油酚醛树脂胶黏剂成本降低额/(元·kg^{-1})	年毛利/(元·a^{-1})
5040000	40	27	46667000	1.45	67670000

6.5 本章小结

（1）以落叶松树皮为原料，以产油率、酚类物质含量、合成生物油酚醛树脂胶黏剂的胶合强度为目标，快速热解优化工艺为：热解温度 $T = 823K$、落叶松树皮颗粒粒径 $d = 0.30 \sim 0.45mm$、螺旋转速 $n = 20r\cdot min^{-1}$（对应的进料量为 $11kg\cdot h^{-1}$）、流化气体流量 $Q = 25m^3\cdot h^{-1}$。

（2）热解温度、树皮粒径、螺旋转速和流化气体流量 4 个因素对生物油产率影响差异程度的次序依次为：$T > Q > d > n$；对酚类物质含量影响差异程度的次序依次为：$d > T > n > Q$；对胶合强度影响差异程度的次序依次为：$T > Q > d > n$。

（3）在优化工艺下，落叶松树皮快速热解生物油产率为 66%左右，实木快速热解生物油产率为 74%左右。

（4）采用本优化工艺生产的生物油中酚类物质含量高于 30%，生物油改性酚醛树脂苯酚替代率可达到 40%，制备的胶合板性能指标达到了国家 I 类板标准。

（5）落叶松树皮和实木的混合比（k）对混合物快速热解产物有一定影响。随混合比的增加生物油的产率减少，炭的产率增加。另外，当 k 在 0.2～0.8 之间、热解温度 823K 时，热解过程中落叶松树皮和实木将发生轻微的热解协同反应，这时生物油产率高于树皮和实木分别单独热解得到的生物油产率的算术和。

（6）含水率对落叶松树皮热解产物产率影响很大。含水率 25%是一个转折点，当落叶松树皮含水率低于 25%时，生物油的产率随含水率的增加而减少，不凝气体产率增加，含水率高于 25%时，正好相反。与生物油和不凝气体的产率相比，炭的产率受含水率的影响不大。

（7）炭的堆积密度随 k 的增加有增加趋势。落叶松树皮热解炭的堆积密度随含水率的增加而下降，随粒径的增加而减少。

第7章　落叶松木材快速热解产物

采用先进测试手段对落叶松木材快速热解产物进行分析，是喷动循环流化床快速热解技术的有机组成部分。了解和掌握快速热解产物（特别是生物油）的组分及其影响因素，对于深入认识快速热解机理、探索热解规律、合理制定热解工艺、开发新型热解技术具有重要指导意义。本章首先对第6章中正交实验设计的16种工况下获得的生物油进行了GC-MS分析，以期确定不同工况下生物油中酚类物质的相对含量，为优化快速热解工艺提供依据；然后对优化工艺下的落叶松树皮与实木不同混合比、不同含水率的落叶松树皮的热解产物（生物油）进行GC-MS分析，以期获得含水率和落叶松树皮与实木混合比对生物油中酚类物质相对含量的影响规律，同时还对沥青质进行了FTIR分析。另外，本章也对快速热解气体产物进行了TCT分析，对热解炭进行了场发射扫描电镜（SEM）分析和X射线衍射分析，以期了解气化产物和热解炭的组分及物性，为深入了解以生产生物油为目标的快速热解过程提供补充，同时也为合理利用气化产物和热解炭提供基础数据。

7.1　实验材料和仪器设备

7.1.1　实验材料

1. 生物油分析

生物油：采用第6章中16个工况下获得的生物油；优化工艺下获得的树皮、实木和二者混合比80%（落叶松树皮占二者混合物的80%）混合物的生物油（含水率均为10.3%）。

硅胶：吸附材料，分析纯，将所用的层析硅胶于干燥箱105℃温度下活化4h，活化后密封存放于干燥器中备用。

氧化铝：吸附材料，分析纯，层析氧化铝粉末于马弗炉中400℃下活化4h，活化所得材料密封存放于干燥器中备用。

其他试剂：四氢呋喃、环己烷、甲苯和乙醇，都为分析纯。

2. 热解气体和不凝气体分析

优化工艺下获得的树皮、实木和二者混合比 80%混合物的热解气体和不凝气体。

3. 热解炭

取第 6 章中 16 个工况中 4 个典型工况下获得的热解炭。

7.1.2　仪器设备

1. 红外光谱（FTIR）

德国产 BRVKER TENSOR27 型红外光谱仪（图 7.1）。将沥青质均匀涂到 KBr 晶片上进行红外光谱扫描，扫描次数 32，分辨率 $4cm^{-1}$，扫描范围 400～$4000cm^{-1}$。

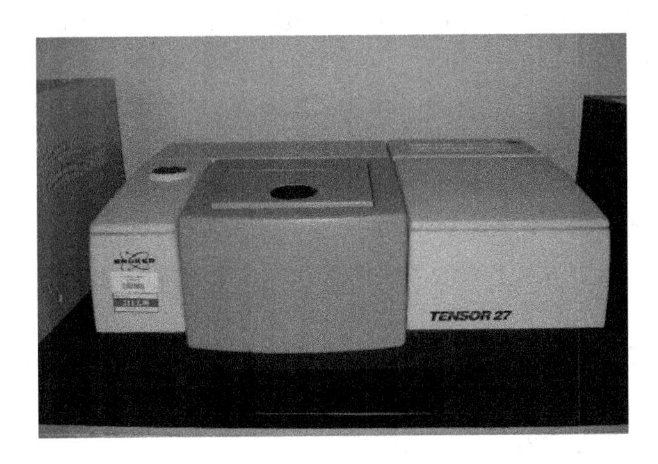

图 7.1　红外光谱仪

2. 气相色谱-质谱（GC-MS）联用仪

美国产 GC-MS 联用仪（Trace GC-Voyager）如图 7.2 所示。

生物油成本和含量测试的基本参数：①GC 条件。色谱柱选用 DB-560m×0.32mm×0.5μm 石英毛细柱，氦气为载气，气化器工作温度 280℃，分流比 16∶1.2，进样量 1μL。②MS 条件。电离方式 EI，电子轰击能量 70eV，充电倍增管电压 500V，扫描质量范围 50～500u，扫描时间 1s。采用的升温程序是 40℃保持 3min，再以 $6℃·min^{-1}$ 的升温速率升高到 270℃，保持 5min。

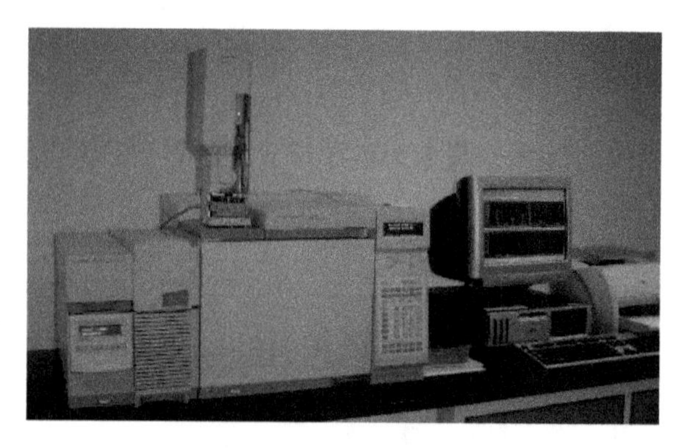

图 7.2 GC-MS 联用仪

色谱分析中组分的定性通过谱库检索得到，而定量采用归一化方法，得出各个峰（成分）的相对含量（以%为单位），表达该组分在其族分之中的相对比重。

在进行气体样品测试时，需要使用热脱附 TCT（thermal desorption cold trap injector）。被测气体吸附到具有吸附剂（Tenax-GR）的吸附管中，吸附管在气相色谱仪上被加热到 260℃，再通入氦气热脱附 10min 后，把吸附到吸附管上的被测气体吹扫到冷阱（–100℃）中，冷阱快速加热到 260℃，进样。

由于生物油成分多达几百种，并且非常复杂，包含多烷芳香烃、脂肪类和杂环结构，而且高含氧量决定了生物油中几乎含有全部含氧官能团，如酚基、甲氧基、羰基和羟基等。如果单纯直接利用 GC-MS 分析生物油成分，将会出现较大误差。另外 GC-MS 也不能对大分子的沥青质进行分析。为了提高 GC-MS 分析生物油成分的精确性，在进行 GC-MS 分析之前，要对生物油进行柱层析分离，目的是将生物油分成几种族分，然后对每种族分进行 GC-MS 分析。

在进行柱层析之前，首先要对生物油样品进行预处理。通过蒸发、抽提将生物油中的水分、炭和沥青质分离出去，以利于提高柱层析的效果（这里将除去水分、炭和沥青质的生物油称为脱水油）。

以硅胶和氧化铝为吸附材料，根据不同类型有机物质同吸附剂之间吸附性能及各种淋洗液极性的不同，依次利用环己烷、甲苯、乙醇将经过预处理过的生物油样品（脱水油）分离为环己烷洗脱馏分、甲苯洗脱馏分和乙醇洗脱馏分三个馏分，然后对各个馏分进行 GC-MS 分析。

对沥青质，采用 FTIR 分析。

3. 场发射扫描电子显微镜（SEM）

荷兰制造的场发射扫描电子显微镜如图 7.3 所示。型号：XL30SFEG；制造商：FEI。技术指标：10kV 加速电压下分辨率 1.5nm，1kV 下分辨率 2.5nm，EDAX 能谱分辨率 136eV。

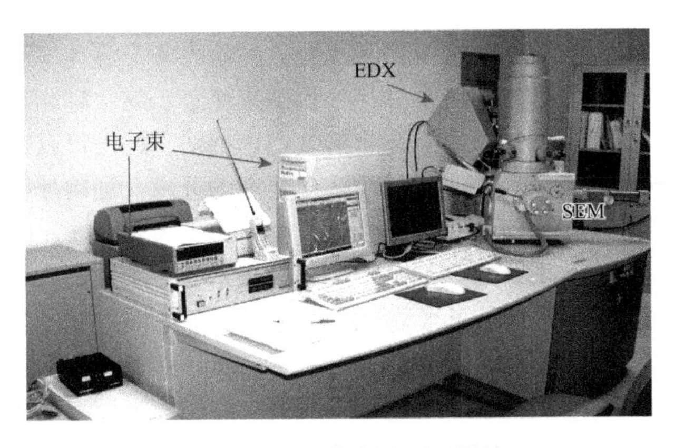

图 7.3　场发射扫描电子显微镜

4. 实验地点

红外光谱分析在北京林业大学化工实验室，X 射线衍射分析在北京林业大学木材学实验室，GC-MS 分析在北京林业大学分析中心，场发射扫描电子显微镜分析在北京大学电子显微镜实验室。

7.2　落叶松快速热解生物油分析

7.2.1　生物油分析

快速热解所得到的热解液通常称为生物油（bio-oil，bio-crude）或热解油（pyrolysis oil）。生物油是高含氧量、棕黑色、低黏度且具有强烈刺激性气味的复杂流体，含有一定的水分和微量固体炭。生物油的理化特性对生物油储存和运输具有重要的参考价值，并直接影响生物油的应用范围与利用效率。生物油虽然含有与生物质相同的元素，但其化学组成已不同于生物质原料。生物油中有机物种类有数百种，从属于数个化学类别，几乎包括了所有种类的含氧有机物，如醚、酯、醛、酮、酚、有机酸和醇等。为了分析和探讨热解机理和热解工艺，不同热解条件下生物油成分的检测分析显然是必不可少的。生物油成分分析及检测对生物油应用技术的研究具有重要意义。

生物油分析方法主要有：高效液相色谱（HPLC）、核磁共振氢谱（^{1}H-NMR）、傅里叶变换红外光谱（FTIR）、气相色谱-质谱联用（GC-MS）、毛细管电泳（CE）。应用这些分析技术或几种分析技术结合，可以鉴定生物油中绝大多数化合物。

长期以来，人们对于生物油成分的分析进行了较多探索。廖洪强等（1998）进行了热解焦油成分分析，采用 GC-MS 技术分析先锋褐煤在焦炉气气氛下热解油品的组成及其相对含量，主要考察了不同热解压力和升温速率对油品组成的影响，并与相当氢分压下的加氢热解油品分析结果比较。赵起越和岳志孝（2001）建立了酚焦油中酚类物质质量分数测定的气相色谱法，此法可以在同一色谱条件下对酚焦油中的苯酚及邻、间、对甲酚实现很好的分离，利用外标法分别进行定量分析，并对酚焦油浸取液中相应组分进行测量。王树荣等（2004）进行了生物质热解生物油特性的分析研究，结合色-质联用技术分析了水曲柳热解油的主要组分。王丽红等（2006）进行了玉米秸秆热解生物油特性的研究，他们使用气-质联用仪对生物油进行了组分分析，生物油的主要成分有乙酸、羟基丙酮、水、乙醛、呋喃等。高含水量和含氧量使得生物油热值低，容易发生反应，需要对生物油进行进一步的分析和改性才能将其用于高端技术。国外一些研究表明，以树皮为热解原料的生物油含有大量的酚类物质，是潜在制取酚醛树脂的原料。目前，国内关于树皮热解生物油中主要组分及含量研究的报道尚不多见，针对这一问题展开深入研究，对于树皮生物油的进一步开发利用，具有重要的实用价值。

7.2.2　16 个工况下生物油酚类物质相对含量的 GC-MS 分析

对落叶松树皮正交实验设计的 16 个工况下获得的生物油进行 GC-MS 分析，结果见表 7.1、图 7.4。

表 7.1　酚类物质及非酚类物质 TIC 峰面积百分比（%）

工况	酚类物质	酸类物质	糖类物质	其他
1	24.97	2.2	43.83	29.0
2	33.12	6.0	48.08	12.8
3	20.62	0.9	54.38	24.1
4	21.33	1.4	30.77	46.5
5	21.62	1.2	44.18	33.0
6	32.40	5.9	39.5	22.2
7	34.63	1.1	48.37	15.9
8	9.50	0.6	29.6	60.3
9	30.97	4.2	31.43	33.4
10	39.02	1.3	32.08	27.6
11	30.12	2.2	41.58	26.1
12	32.23	6.6	34.97	26.2
13	38.38	2.0	40.82	18.8
14	36.33	2.9	29.07	31.7
15	30.87	0.5	53.43	15.2
16	26.87	0.5	41.23	31.4

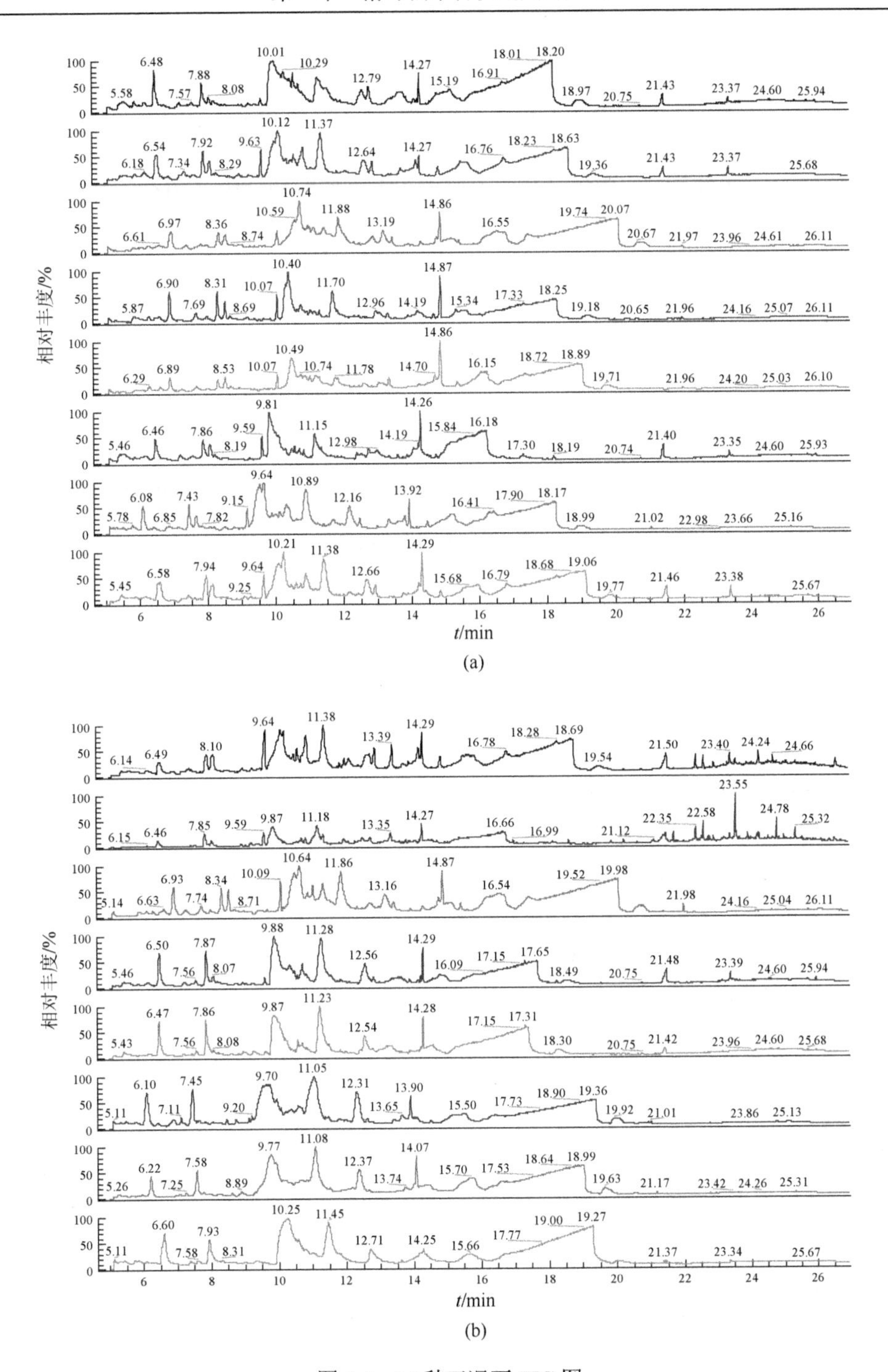

图 7.4　16 种工况下 TIC 图

（a）1～8 工况；（b）9～16 工况

由总离子流（total ion current，TIC）图（图 7.4）可以看出，16 种工况下的图很近似，出峰的位置基本相同，说明 16 种工况下落叶松树皮热解生物油含有的成分种类区别不大，但是每种成分的相对含量不同。

根据总离子流图，采用面积归一化定性确定了生物油中各组分的相对含量。为了统计和明确生物油中酚类物质的相对含量，将 16 种工况下的生物油中的各组分进行了分类，见表 7.1。以表 7.1 中酚类物质的相对含量为目标，对热解温度、粒径、转速和气体流量进行了极差分析和方差分析，结果见表 7.2 和表 7.3。

表 7.2　极差分析表

	温度 T	树皮粒径 d	转速 n	流化气体流量 Q	空白
级差	34.31	50.96	34.03	20.02	31.9

表 7.3　方差分析表

因素	平方和	自由度	方差	F	显著性
T	625.11	3	208.37	3.38	*
d	730.58	3	243.53	3.94	*
n	366.92	3	122.31	1.98	
Q	131.24	3	43.75	0.71	
误差	185.20	3	61.73		

注：$F_{0.01}=5.42$；$F_{0.05}=3.29$。

酚类物质相对含量极差分析（表 7.2）表明：对生物油中酚类物质含量影响显著性的热解工艺参数依次为 $d>T>n>Q$。

由方差分析（表 7.3）可知，热解温度和粒径对生物油中酚类物质含量的影响显著。

由此可以认为：热解温度和物料粒径是影响生物油酚类物质含量的主要因素。下面分析出现这种现象的原因。

1. 温度

落叶松树皮快速热解产物中炭和生物油中酚类物质主要来源于木材中的木素。木素主要是由苯丙烷单元构成，而连接苯丙烷单元相对较弱的氧桥键和单体苯环上的侧链键，受热时易发生断开，形成活泼的含苯环自由基。然后，一方面，含苯环自由基极易与其他分子或自由基发生缩合反应生成结构更为稳定的大分子，进而形成炭。另一方面，含苯环自由基生成含官能团较少的化合物如苯酚和邻苯二酚等，但在酚类物质的形成过程中，酚类物质主要取决于酚类物质形成和酚类物质分解两个化学过程的竞争。酚类物质的形成反应是指木素热解产生中间酚类物质的过程，不包括中间酚类产物的进一步反应。酚类物质分解反应是指中间酚类物质在一定条件下进一步反应的过程，如中间酚类物质的裂解、脱烷基、脱羟基反应等。另外，热解温度影响炭的形成，影响酚类物质形成和酚类物质分解，其影响规律为：热解温度升高，炭产率降低；热解温度升高，酚类物质形成反应和分解反应加剧，但酚类物质形成反应和分解反应哪一个占主导地位与热解温度有关。

由以上分析看出，落叶松树皮快速热解过程中，当温度在 723～773K 之间，酚类物质的形成反应和分解反应速率相同，致使生物油中酚类物质在这个区间内保持恒定。当温度在 773～823K 之间，酚类物质形成反应速率大于其分解反应速率，致使生物油中的酚类物质含量增加。当温度在 823～873K 之间，在温度的作用下酚类物质分解反应加剧，使酚类物质分解速度等同于酚类物质形成速度，致使在这个温度区间内，生物油中的酚类物质含量不变。

2. 粒径

对于快速热解，木材颗粒粒径对热传递速率起决定作用。粒径增加，传热速率变慢，颗粒芯部在低温时停留的时间变长。这一方面会引起落叶松木材中木素形成的炭量增加，导致形成的酚类物质量减少；另一方面低温下酚类物质形成的速率降低，从而导致生物油中酚类物质含量随粒径增加而减少。

7.2.3 优化工艺下不同原料快速热解生物油成分对比分析

取在优化工艺条件下获得的落叶松树皮、实木和二者 80%（落叶松树皮占二者混合物的 80%）混合比的混合物快速热解生物油，通过柱层析处理，采用 GC-MS 分析研究不同物料、不同含水率脱水油成分变化情况，采用 FTIR 分析研究沥青质成分变化情况。

1. 生物油样品预处理结果

在进行柱层析之前，首先要对生物油样品进行预处理。通过蒸发、抽提将生物油中的水分、炭和沥青质分离出去，以利于提高柱层析的效果。

预处理后，落叶松树皮和实木不同混合比下热解生物油组分构成见表 7.4。

表 7.4　落叶松树皮和实木不同混合比下生物油组分构成

落叶松树皮占混合物的百分比/%	各组分在热解生物油中的相对含量 W_B/%			
	炭	水	脱水油	沥青质
0	0.6	53.1	38.6	7.7
20	2.0	58.5	37.0	2.6
40	0.4	59.3	33.7	6.6

续表

落叶松树皮占混合物的百分比/%	各组分在热解生物油中的相对含量 W_B/%			
	炭	水	脱水油	沥青质
60	0.3	71.3	24.0	4.5
80	0.4	64.6	15.2	19.8
100	0.4	67.6	10.1	21.9

由表 7.4 可知，生物油中，随着物料混合比的增加，脱水油含量减少。当完全采用实木为热解原料时（混合比为 0），脱水油的含量最大，当完全采用树皮（混合比为 100%）时，脱水油含量最低；生物油中的水分含量则随着混合比的增加呈逐渐提高趋势；生物油中沥青质的含量随着混合比增高呈现出波动趋势。

2. 脱水油的 GC-MS 分析

分别将混合比为 0（完全为实木）、混合比为 100%（完全为树皮）和混合比为 80%的混合物的脱水油进行柱层析分离，然后对环己烷洗脱馏分、甲苯洗脱馏分和乙醇洗脱馏分三个馏分分别进行 GC-MS 分析，结果见表 7.5、表 7.6、表 7.7、表 7.8、表 7.9、表 7.10、表 7.11 及图 7.5。表 7.5～表 7.10 中同一物质有不同保留时间，主要是由于进样的时间早或迟。

表 7.5 实木脱水油环己烷洗脱馏分成分

保留时间/min	中文名	分子式	相对含量/%
13.9	苯甲醇	C_7H_8O	0.51
18.32	1-十九烯	$C_{19}H_{38}$	1.66
19.67	邻苯二甲酸二异丁酯	$C_{16}H_{22}O_4$	25.20
21.01	邻苯二甲酸二丁基酯	$C_{16}H_{22}O_4$	27.85
21.23	十九烯	$C_{19}H_{38}$	11.81
22.96	1-二十二烯	$C_{22}H_{44}$	21.66
24.17	1-二十二烯	$C_{22}H_{44}$	8.32
25.15	邻苯二甲酸二异辛酯	$C_{24}H_{38}O_4$	2.99

表 7.6 实木脱水油甲苯洗脱馏分成分

保留时间/min	中文名	分子式	相对含量/%
5.05	对二甲苯	C_8H_{10}	6.22
6.87	苯酚	C_6H_6O	13.84

续表

保留时间/min	中文名	分子式	相对含量/%
7.98	2-甲基苯酚	C_7H_8O	7.42
8.28	4-甲基苯酚	C_7H_8O	13.48
8.53	2-甲氧基苯酚	$C_7H_8O_2$	6.98
9.41	2, 4-二甲基苯酚	$C_8H_{10}O$	7.66
9.72	4-乙基苯酚	$C_8H_{10}O$	7.17
10.07	2-甲氧基-5-甲基酚	$C_8H_{10}O_2$	6.52
10.73	2-乙基-5-甲基苯酚	$C_9H_{12}O$	1.37
11.05	4-丙基苯酚	$C_9H_{12}O$	0.94
11.32	4-乙基-2-甲氧基苯酚	$C_9H_{12}O_2$	1.20
11.87	2-甲氧基-4-乙烯基苯酚	$C_9H_{10}O_2$	3.17
12.02	3, 5-二乙基苯酚	$C_{10}H_{14}O$	2.08
12.5	2-甲氧基-4-（2-丙烯基）苯酚	$C_{10}H_{12}O_2$	1.35
13.29	2-甲氧基-4-（1-丙烯基）苯酚	$C_{10}H_{12}O_2$	0.57
13.95	2-甲氧基-4-（1-丙烯基）苯酚	$C_{10}H_{12}O_2$	3.92
20.64	邻苯二甲酸二异丁基酯	$C_{16}H_{22}O_4$	4.36
21.96	邻苯二甲酸二丁基酯	$C_{16}H_{22}O_4$	2.54
24.59	1-十七烷醇	$C_{17}H_{36}O$	1.16
25.74	1-二十二烯	$C_{22}H_{44}$	4.26
27.05	1-二十二烯	$C_{22}H_{44}$	1.16

表 7.7　实木脱水油乙醇洗脱馏分成分

保留时间/min	中文名	分子式	相对含量/%
5.1	乙基环己烷	C_8H_{16}	5.12
5.17	乙基环己烷	C_8H_{16}	8.84
5.19	乙基环己烷	C_8H_{16}	7.40
5.23	1, 1, 3-三甲基环己烷	C_9H_{18}	1.97
5.43	苯乙烷	C_8H_{10}	10.03
5.52	对二甲苯	C_8H_{10}	1.56
5.78	1, 3-二甲苯	C_8H_{10}	5.95
6.06	1-甲氧基-1, 3-环戊二烯	C_6H_8O	3.60
6.72	1-甲氧基-1, 3-环戊二烯	C_6H_8O	4.79

续表

保留时间/min	中文名	分子式	相对含量/%
7.73	3-甲基−环丙烷戊二酮	$C_6H_8O_2$	12.05
8.41	2-丁氧基乙酸乙酯	$C_8H_{16}O_3$	3.68
9.03	3-甲氧基-2-羟基环己二烯	$C_7H_{10}O_2$	0.70
10.25	苯二醇	$C_6H_6O_2$	7.91
11.13	3-甲基-1, 2-苯二醇	$C_7H_8O_2$	5.88
11.58	4-甲基-1, 2-苯二醇	$C_7H_8O_2$	11.77
12.98	4-乙基苯二醇	$C_8H_{10}O_2$	8.75
21.96	邻苯二甲酸二丁酯	$C_{16}H_{22}O_4$	0.50

表 7.8　树皮脱水油环己烷洗脱馏分成分

保留时间/min	中文名	分子式	相对含量/%
7.63	2-甲氧基苯酚	$C_7H_8O_2$	0.12
9.15	2-甲氧基-4-甲基苯酚	$C_8H_{10}O_2$	2.59
10.39	4-乙基-2-甲氧基苯酚	$C_9H_{12}O_2$	2.73
13.48	1-十七烯	$C_{17}H_{34}$	4.58
13.95	二叔丁对甲酚，2, 6 二叔丁基对羟基甲苯，丁羟甲苯	$C_{15}H_{24}O$	3.68
15.09	1-十八烯	$C_{18}H_{36}$	2.08
16.74	1-十七烯	$C_{17}H_{34}$	2.93
18.39	1-十八烯	$C_{18}H_{36}$	4.12
19.76	邻苯二甲酸二异丁酯	$C_{16}H_{22}O_4$	4.05
20.02	1-十九烯	$C_{19}H_{38}$	3.95
21.34	1-二十三烯	$C_{23}H_{46}$	9.39
22.15	十九烯	$C_{19}H_{38}$	4.16
22.26	1-二十二烯	$C_{22}H_{44}$	3.98
23.07	十九烯	$C_{19}H_{38}$	21.38
23.43	1-三十七烷醇	$C_{37}H_{76}O$	1.86
23.71	三十二烷	$C_{32}H_{66}$	3.77
24.26	1-二十二烯	$C_{22}H_{44}$	7.29
24.46	二十六碳五烯五醇	$C_{26}H_{44}O_5$	1.77
25.21	邻苯二羧酸二异辛酯	$C_{24}H_{38}O_4$	1.91
25.41	二十二碳五烯酸乙酯	$C_{24}H_{38}O_2$	1.42

续表

保留时间/min	中文名	分子式	相对含量/%
25.69	十八醛	$C_{18}H_{36}O$	0.80
25.96	2-丙烯硬脂酸酯	$C_{21}H_{40}O_2$	1.14
26.36	二十四烷酸甲酯	$C_{25}H_{50}O_2$	1.56
26.86	二十二烷酸乙酯	$C_{24}H_{48}O_2$	1.03
27.61	2-丙烯硬脂酸酯	$C_{21}H_{40}O_2$	0.89

表 7.9　树皮脱水油甲苯洗脱馏分成分

保留时间/min	中文名	分子式	相对含量/%
6.04	苯酚	C_6H_6O	8.69
7.08	2-甲基苯酚	C_7H_8O	2.78
7.43	2-甲基苯酚	C_7H_8O	11.58
7.68	对甲氧酚	$C_7H_8O_2$	5.79
8.48	2, 4-二甲基苯酚	$C_8H_{10}O$	3.31
8.75	4-乙基苯酚	$C_8H_{10}O$	2.59
9.19	2-甲氧基-4-甲基苯酚	$C_8H_{10}O_2$	8.30
10.4	4-乙基-2-甲氧基苯酚	$C_9H_{12}O_2$	3.25
10.94	2-甲氧基-4-乙烯基苯酚	$C_9H_{10}O_2$	5.54
13	2-甲氧基-4-丙烯基苯酚	$C_{10}H_{12}O_2$	4.36
13.46	十七烯	$C_{17}H_{34}$	1.31
13.94	二丁基苯甲醇	$C_{15}H_{24}O$	1.84
15.07	1-十七烯	$C_{17}H_{34}$	0.81
16.72	1-十七烯	$C_{17}H_{34}$	1.51
18.37	1-十九烯	$C_{19}H_{38}$	1.67
19.76	邻苯二羧酸二异丁酯	$C_{16}H_{22}O_4$	5.62
21.3	二十烯	$C_{20}H_{40}$	4.19
21.92	视黄醛	$C_{20}H_{28}O$	2.13
22.43	松香油	$C_{20}H_{30}O$	1.27
23.05	20-甲基二十一（烷）酸	$C_{22}H_{44}O_2$	12.64
24.23	20-甲基二十一（烷）酸	$C_{22}H_{44}O_2$	3.53
24.84	20-甲基二十一（烷）酸	$C_{22}H_{44}O_2$	1.86
25.04	十二烷醇环丙烷	$C_{15}H_{30}O$	0.41
26.34	二十四烷酸甲酯	$C_{25}H_{50}O_2$	0.60

表 7.10　树皮脱水油乙醇洗脱馏分成分

保留时间/min	中文名称	分子式	相对含量/%
6.3	苯酚	C_6H_6O	12.68
6.61	3-甲酸-2-乙酸丙内酯	$C_6H_6O_6$	2.02
6.83	3-甲酸-2-乙酸丙内酯	$C_6H_6O_6$	0.90
21	邻苯二甲酸二丁酯	$C_{16}H_{22}O_4$	68.53
24.81	二十烷醇	$C_{20}H_{42}O$	5.00
25.15	邻苯二甲酸二（2-乙基己基）酯	$C_{24}H_{38}O_4$	2.06
25.36	二十二烷酸乙酯	$C_{24}H_{48}O_2$	1.58
26.8	二十二烷酸乙酯	$C_{24}H_{48}O_2$	2.15
27.17	二十六碳五烯五醇	$C_{26}H_{44}O_5$	5.08

表 7.11　不同原料脱水油中的酚类物质相对含量

成分	实木/%	落叶松树皮/%
苯酚	13.84	8.69
2-甲基苯酚	7.42	14.36
4-甲基苯酚	13.48	5.79
2-甲氧基苯酚	6.98	3.31
2, 4-二甲基苯酚	7.66	2.59
2-甲氧基-4-甲基苯酚		8.3
4-乙基苯酚	7.17	
2-甲氧基-5-甲基苯酚	6.52	
2-乙基-5-甲基苯酚	1.37	
4-丙烷基苯酚	0.94	
4-乙基-2-甲氧基苯酚	1.2	3.25
2-甲氧基-4-乙烯基苯酚	3.17	5.54
3, 5-二乙基苯酚	2.08	
2-甲氧基-4-丙烯基苯酚	5.84	4.36

1）实木脱水油 GC-MS 分析

从表 7.5 中可以看出：环己烷洗脱馏分成分主要是烃类和酯，烃为 43.45%，酯类为 56.04%；从表 7.6 中可以看出：甲苯洗脱馏分主要是芳香类化合物，大约为 84.57%，其中大部分是酚类化合物，以及少量的酯类和烃类化合物；从表 7.7 中可以看出：乙醇洗脱馏分中主要有烷烃类、烯烃类、苯类、醇，其中醇类居多，大约在 34.31%。

2）树皮脱水油 GC-MS 分析

从表 7.8 中可以看出：环己烷洗脱馏分中主要成分是烃类，其中烃类为 67.63%，还有部分酯类，少部分酚类；从表 7.9 中可以看出：甲苯洗脱馏分中主要是芳香类物质，其中酚类物质占多数，大约为 56.19%，含量较多的是 2-甲基苯酚；从表 7.10 中可以看出：乙醇洗脱馏分中 C_{16}～C_{24} 的酯类物质很多，特别是邻苯二甲酸二丁酯。

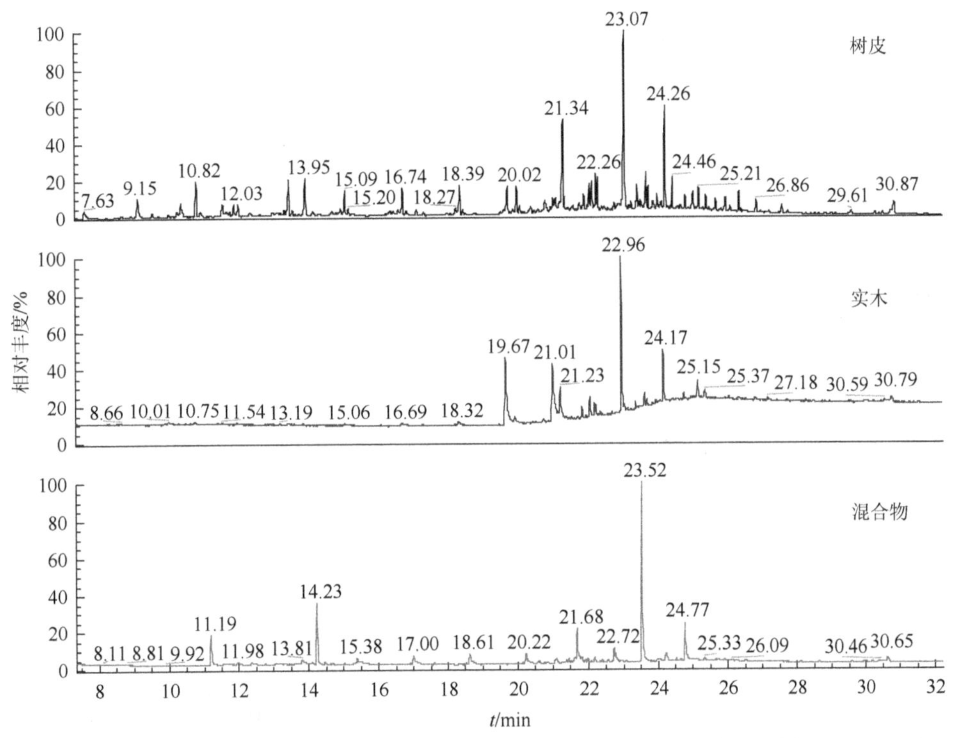

图 7.5　树皮、实木及其混合物脱水油环己烷洗脱馏分的 TIC 图

3）树皮和实木脱水油成分对比

对落叶松树皮和实木脱水油各馏分成分进行比较可知：①树皮脱水油中饱和烃多于实木，芳香类化合物少于实木，酯类物质多于实木。可见落叶松树皮和实木生物油的成分有很大的差异。②从表 7.11 可以看出，实木脱水油中酚类物质种类很多，其中含量较多的是苯酚、4-甲基苯酚、2, 4-二甲基苯酚、2-甲基苯酚和 4-乙基苯酚；树皮脱水油中含量较多的是 2-甲基苯酚、苯酚和 2-甲氧基-4-甲基苯酚。③由环己烷洗脱馏分的总离子流图（图 7.5）分析可知，树皮脱水油中的成分多于实木，但从明显的峰位可知主要成分相同；混合物脱水油的成分并不是两种原料生物油成分的简单叠加，其中的几个主要成分还是存在的，但其含量都发生了相应的变化。这也说明树皮和实木快速热解过程中发生了协同反应。

3. 生物油沥青质的 FTIR 分析

本部分采用表 7.4 中树皮、实木和混合比 80%的混合物生物油沥青质为分析对象。沥青质分子量过大，无法进行 GC-MS 分析，所以采用 FTIR 分析。分析结果见图 7.6、图 7.7 和图 7.8。

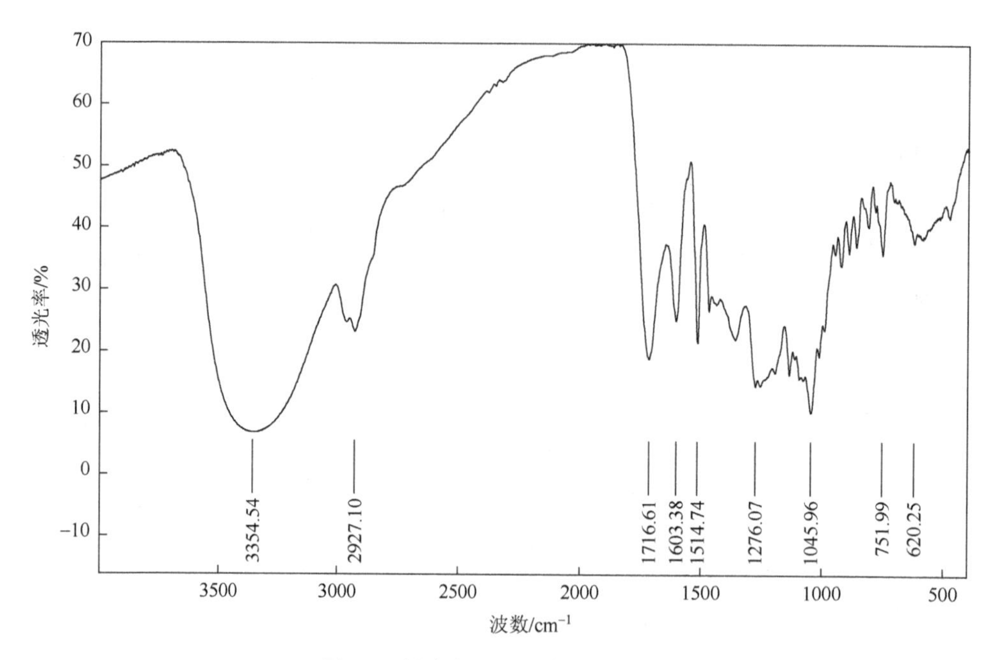

图 7.6　树皮生物油沥青质 FTIR 图

由图 7.6、图 7.7 和图 7.8 FTIR 图可知，波数为 3350cm^{-1} 处附近宽而强的吸收峰为羟基伸缩振动吸收峰，加之 1600cm^{-1} 和 1514cm^{-1} 处附近出现了较强的芳环 C═C 伸缩振动吸收峰以及 751cm^{-1} 处出现的芳环 C—H 面外邻位弯曲振动吸收峰，说明三种热解油中沥青质有大量芳香族化合物存在；2930cm^{-1} 附近较强的吸收峰为亚甲基的伸缩振动吸收峰，而 1716cm^{-1} 附近出现了强而尖锐的羰基伸缩振动，据此推断可能来自生物油沥青质中大量的醛类或酮类物质；1045cm^{-1} 附近为羟基的吸收峰；FTIR 图的特征吸收峰表明，各种生物油沥青质的成分非常复杂，其中包含了众多酚类、醛类以及不饱和碳-碳双键的特征吸收峰。

7.2.4　优化工艺下不同含水率树皮快速热解生物油成分对比分析

取在第 6 章得到的优化工艺条件下 4 种含水率（10.3%、13.6%、25.0%和 40.3%）

的落叶松树皮快速热解生物油。对经过预处理和柱层析分离得到的 4 个含水率下的树皮脱水油进行 GC-MS 分析。

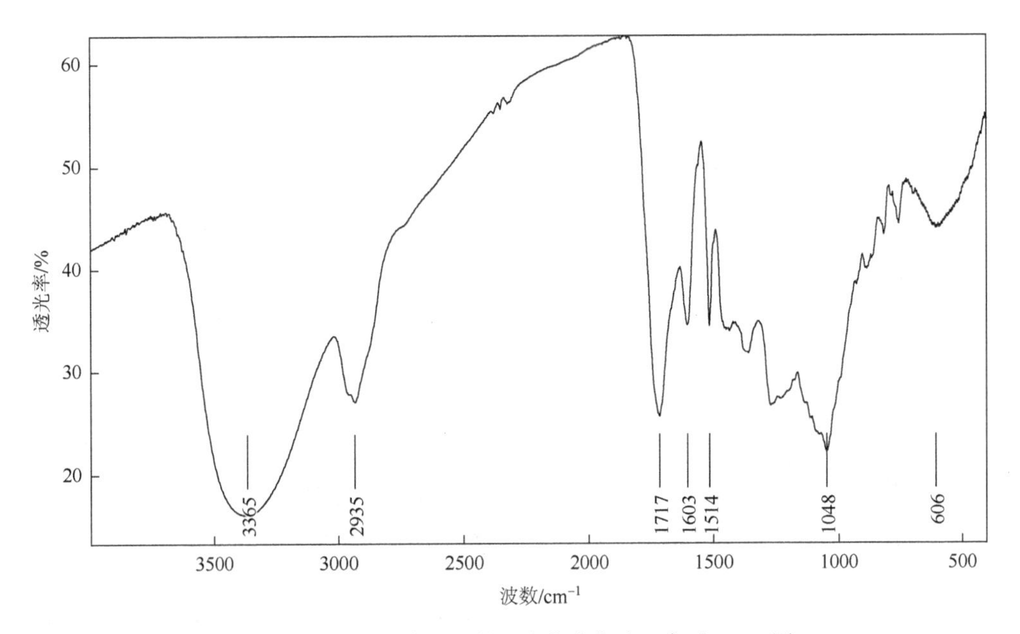

图 7.7　树皮成分占 80%的混合物生物油沥青质 FTIR 图

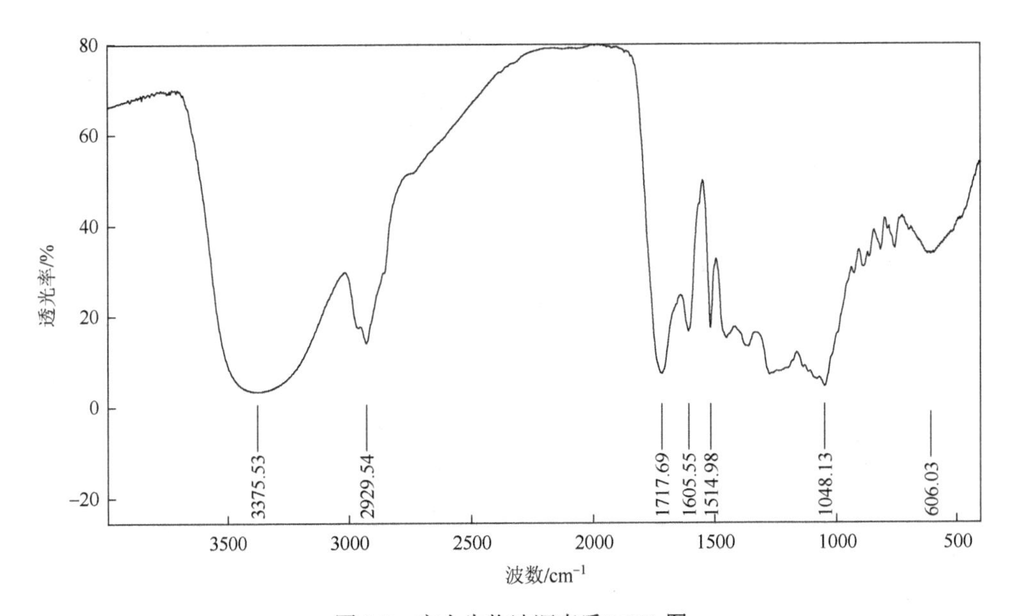

图 7.8　实木生物油沥青质 FTIR 图

1. 生物油样品预处理结果

4 种含水率落叶松树皮快速热解生物油预处理后得到的组分构成见表 7.12。

表 7.12　不同含水率下落叶松树皮快速热解生物油组分构成

含水率/%	各组分在热解生物油中的相对含量/%			
	炭	水	脱水油	沥青质
10.3	0.4	67.6	18.5	13.5
13.6	0.2	76.5	19.03	4.27
25.0	0.2	48.5	50.5	0.8
40.3	0.17	37.96	38.04	23.83

落叶松树皮在快速热解形成生物油过程中，生物油中的水分来自两个方面，一方面是落叶松树皮热解反应产生的水，另一方面是原料自身含有的水。因此在对快速热解生物油中各组分相对含量进行比较时，需要把原料中自身含有的水分扣除后计算各组分的相对含量，才能进行不同含水率原料脱水油的比较。

由于表 7.12 中的水分包括原料自身含有的水分，需要消除这部分水分的影响，采用相对产率进行比较，即根据第 6 章 4 种含水率落叶松树皮热解生物油产率 66.3%（$W=10.3\%$）、58.4%（$W=13.6\%$）、50.3%（$W=25\%$）和 61.5%（$W=40.3\%$），计算生物油中各组分相对于绝干落叶松树皮的相对产率，计算结果见表 7.13。

表 7.13　生物油各组分相对于绝干落叶松树皮的相对产率

含水率/%	炭相对产率/%	水相对产率/%	脱水油相对产率/%	沥青质相对产率/%
10.3	0.29	49.44	13.53	9.87
13.6	0.13	50.75	12.62	2.83
25.0	0.13	30.37	31.63	0.50
40.3	0.16	32.75	32.82	20.56

由表 7.13 可知，当落叶松树皮含水率升高时，相对于绝干落叶松树皮来说，在含水率为 10.3%和 13.6%时，生物油中水分含量变化很小，当含水率在 25.0%时，生物油中水分含量突然减少，且含水率 25.0%和 40.3%时，生物油中水分含量没有太大的变化；脱水油含量的变化规律恰恰相反。这说明原料含水率对生物油各组分含量有影响。分析其可能的原因，原料在热解过程中，水分在热力的作用下进入纤维素的结晶区，产生更多活性纤维素，活性纤维素不稳定，很容易裂解，使纤维素长链大分子充分断裂，形成小分子片段，使生物油中脱水油成分增加。

2. 脱水油 GC-MS 分析

分别将 4 种含水率脱水油进行柱层析分离，然后对环己烷洗脱馏分、甲苯洗脱馏分和乙醇洗脱馏分三个馏分分别进行 GC-MS 分析。由于 GC-MS 分析时的技术原因，只得到了 13.6%、25.0%和 40.3%三个含水率的脱水油环己烷洗脱馏分的结果，见表 7.14、图 7.9。

由表 7.14 可以发现，脱水油环己烷洗脱馏分中多数是链烃(其中饱和烃占多数)，少部分是酯类，且含水率对各成分含量的影响不大。图 7.9 也反映出相同结论。

表 7.14　不同含水率下落叶松树皮热解生物油环己烷洗脱馏分成分分析

时间/min	中文名称	分子式	相对含量/%		
			$W=13.6\%$	$W=25.0\%$	$W=40.3\%$
14.06	十五烷	$C_{15}H_{32}$	0.76	1.81	0.90
14.38	2, 6-二（1, 1-二甲基-乙基）-4-甲基苯酚	$C_{15}H_{24}O$	2.43	9.86	0.53
15.65	十六烷	$C_{16}H_{34}$	2.89	2.76	1.30
17.29	十七烷	$C_{17}H_{36}$	4.92	2.95	2.22
18.93	十八烷	$C_{18}H_{38}$	5.90	3.36	3.22
19.09	2, 6, 10, 14-四甲基十六烷	$C_{20}H_{42}$	2.39	1.82	1.33
20.07	邻苯二甲酸-二（2-甲基丙基）酯	$C_{16}H_{22}O_4$	2.13	1.59	5.25
20.43	1-十九烯	$C_{19}H_{38}$	2.78	1.84	1.98
20.55	十九烷	$C_{19}H_{40}$	7.16	3.48	4.07
21.5	邻苯二甲酸二丁酯	$C_{16}H_{22}O_4$	0.62	4.45	8.75
21.85	十八烯	$C_{18}H_{36}$	3.95	2.51	1.91
21.94	二十烷	$C_{20}H_{42}$	8.73	4.79	4.70
22.93	二十一烷	$C_{21}H_{44}$	8.25	4.99	5.02
23.68	1-二十二烯	$C_{22}H_{44}$	9.45	9.17	4.79
23.71	二十二烷	$C_{22}H_{46}$	7.49	5.21	5.55
24.37	二十一烷	$C_{21}H_{44}$	5.19	4.40	4.73
24.91	1-二十二烯	$C_{22}H_{44}$	2.31	3.90	2.84
24.94	二十四烷	$C_{24}H_{50}$	3.86	5.79	8.09
25.48	二十八烷	$C_{28}H_{58}$	6.52	7.19	8.45
26.06	二十八烷	$C_{28}H_{58}$	4.85	6.68	10.16
26.69	三十二烷	$C_{32}H_{66}$	3.92	5.27	7.48
27.41	三十二烷	$C_{32}H_{66}$	3.53	6.18	6.73

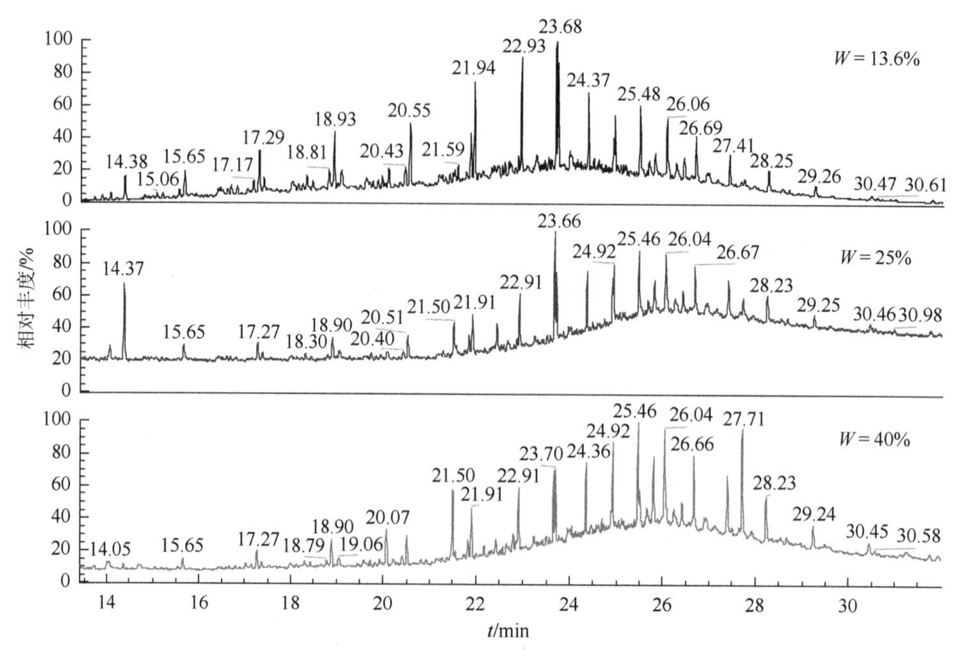

图 7.9 不同含水率落叶松树皮生物油环己烷洗脱馏分的 TIC 图

7.3 优化工艺下落叶松快速热解气体和不凝气体 TCT 分析

通过对优化工艺下热解气体和不凝气体的 TCT 分析，了解冷凝过程中热解产物的变化情况。

气体采集是在生物质热解过程中现场进行的，在气-固分离器的气态产物的出口处和不可冷凝气体的出口处各安装一支吸附管，采集不同位置处的气体，将气-固分离器气体出口处的气体命名为热解气体，将不可冷凝气体出口处的气体命名为不凝气体。

采用三种原料：落叶松树皮、实木和二者的混合物（混合比 80%）。

不同原料热解气体的 TCT 分析表见表 7.15～表 7.20。

表 7.15 优化工艺下树皮成分占 80%的混合原料热解不凝气体主要成分

时间/min	中文名称	分子式	相对含量/%
3.89	一氧化碳	CO	20.69
4.41	水	H_2O	79.31

表 7.16　优化工艺下实木原料热解不凝气体主要成分

时间/min	中文名称	分子式	相对含量/%
3.91/5.26	一氧化碳	CO	24.54
4.4/5.46	水	H_2O	75.46

表 7.17　优化工艺下树皮成分占 80%的混合原料热解气体主要成分

时间/min	中文名称	分子式	相对含量/%
3.88	一氧化碳	CO	3.31
4.53	水	H_2O	12.56
5.26	丙酮	C_3H_6O	15.74
5.39	戊二烯	C_5H_8	1.18
5.86	3-戊炔-1-烯	C_5H_6	2.36
6.12	环戊烯	C_5H_8	5.12
6.52	5-硝基-1-戊烯	$C_5H_9NO_2$	0.45
6.41	2-甲基-2-丙烯醛	C_4H_6O	1.31
6.71	1-乙基-2-甲基环丙烷	C_6H_{12}	7.05
6.9	3-甲基-2-戊酮	$C_6H_{12}O$	3.42
7.02	2-甲基呋喃	C_5H_6O	3.49
7.24	2-乙基-1, 3-丁二烯	C_6H_{10}	0.45
7.97	1-甲基-1, 3-环戊二烯	C_6H_8	0.72
8.09	1-甲基-1, 3-环戊二烯	C_6H_8	0.65
8.26	1-甲基环戊烯	C_6H_{10}	0.56
8.62	苯	C_6H_6	14.0
9.31	1, 2-二甲基环戊烷	C_7H_{14}	1.74
12.08	1, 3, 5-环庚三烯	C_7H_8	6.48
12.69	1-辛烯	C_8H_{16}	0.75

表 7.18　优化工艺下树皮原料热解不凝气体主要成分

时间/min	中文名称	分子式	相对含量/%
3.85/5.24	一氧化碳	CO	38.3
4.36	水	H_2O	61.7

表 7.19　优化工艺下实木原料热解气体主要成分

时间/min	中文名称	分子式	相对含量/%
3.95	一氧化碳	CO	24.16
4.45	水	H_2O	41.27
4.55	乙醇酸乙酯	$C_4H_8O_3$	3.75

续表

时间/min	中文名称	分子式	相对含量/%
5.27	2-丙酮	C_3H_6O	17.46
5.66	1, 3-戊二烯	C_5H_8	0.65
5.86	3-戊炔-1-烯	C_5H_6	1.35
6.11	环戊烯	C_5H_8	0.95
6.23	1, 2, 3-三甲基环丙烷	C_6H_{12}	0.69
6.44	2-甲基-2-丙烯醛	C_4H_6O	0.94
6.7	1-乙基-2-甲基环丙烷	C_6H_{12}	3.59
6.86	2-己烯	C_6H_{12}	2.73
7.03	2-甲基呋喃	C_5H_6O	1.69
7.25	2-甲氧基-3-甲基-1-丁烯	$C_6H_{12}O$	0.15
8.63	苯	C_6H_6	0.62

表 7.20　优化工艺下树皮原料热解气体主要成分

时间/min	中文名称	分子式	相对含量/%
3.89	一氧化碳	CO	18.21
4.42	水	H_2O	50.21
5.32	丙酮	C_3H_6O	4.92
6.87	己烷	C_6H_{14}	2.52
6.55	2-甲基-2-丙烯醛	C_4H_6O	0.62
6.72	2-己烯	C_6H_{12}	3.06
7.25	2-甲氧基-3-甲基-1-丁烯	$C_6H_{12}O$	0.53
7.05	己烷	C_6H_{14}	4.36
8.28	甲基环戊烷	C_6H_{12}	0.50
8.63	苯	C_6H_6	13.43
9.16	环己烷	C_6H_{12}	0.55
9.34	2-庚烯	C_7H_{14}	1.09

由表 7.15～表 7.20 可知，在采用优化工艺下，热解气体成分中主要有 CO、H_2O、丙酮、烯烃类、苯、烷烃和酯类，其中有机物都是 8 个碳及以下的。

混合物热解气体中含量较多的是水、丙酮、苯和少量的一氧化碳。实木热解气体中含量较多的是一氧化碳、水、丙酮和少量的苯。树皮热解气体中含量较多的是一氧化碳、水、苯和少量的丙酮。原料不同，热解气体的主要成分含量不同，实木和树皮热解气体主要有机成分区别是苯和丙酮，这主要与原料的化学组成有关，落叶松树皮中的木素含量多，所以热解气体中具有苯环的物质较多。混合物热解气体中的主要成分一氧化碳反而减少了，说明落叶松树皮和实木发生了协同反应，其原因尚不清楚，有待进一步研究。

由图 7.10 看出落叶松树皮和实木热解气体的 TIC 图中出峰的位置基本相同，只是峰面积不同，混合物热解气体的 TIC 在 12.08min 处出峰，而树皮和实木在这个位置没有峰，也说明了树皮和实木热解过程中发生了协同反应。

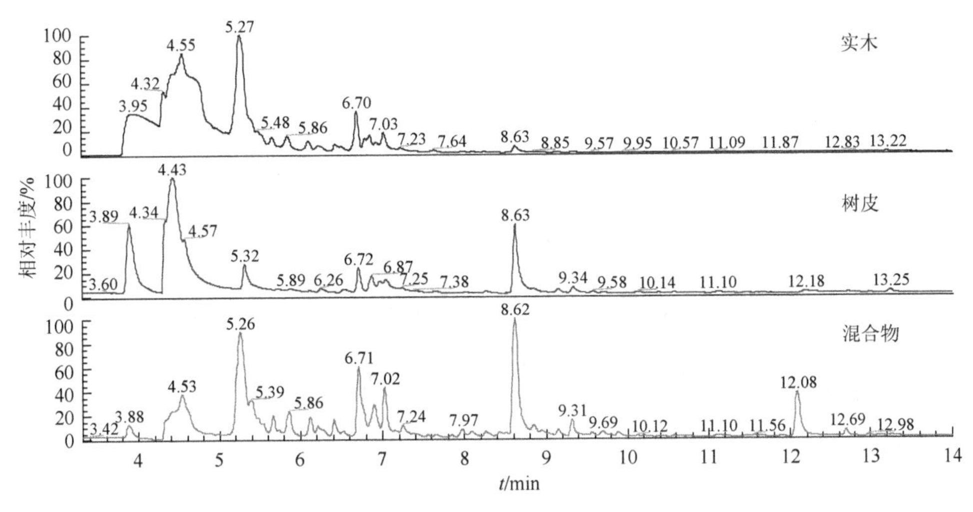

图 7.10　不同原料热解气体 TCT 的 TIC 图

不凝气体中主要是 H_2O 和 CO，说明热解气体中大部分物质被冷凝下来。

与上述三种反应物生物油的成分相比较，热解气体中的成分少了很多，究其原因主要是 TCT 技术的测试原理，大量吸附在吸附管中的热解气体大分子的成分在加热到 260℃时未能被氦气吹扫到冷阱里。

落叶松树皮热解产生的不凝气体中的 CO 相对含量为 38.3%，实木热解产生的不凝气体中 CO 相对含量为 24.54%。从含量来看，落叶松实木热解产生的不可凝气体中 CO 少，这也从某种程度上再次验证了实木产油率高。80%落叶松树皮含量的混合物热解不凝气体中 CO 相对含量为 20.69%，是落叶松树皮热解产生的不凝气体中 CO 相对含量和实木热解不凝气体中 CO 相对含量的最小值，同样说明落叶松树皮和实木在落叶松树皮含量为 80%时发生了协同反应。

7.4　落叶松木材快速热解产物炭的物性分析

为了重点考察温度对热解炭的结构、结晶化程度及结晶度的影响，对热解炭进行场发射电镜分析和 X 射线衍射分析。取第 6 章正交优化实验设计 16 个工况中第 14 工况（$T = 873$K，$d = 0.30$～0.45mm，$n = 40$r·min^{-1}，$Q = 15$m^3·h^{-1}）、第 10 工况（$T = 823$K，$d = 0.30$～0.45mm，$n = 50$r·min^{-1}，$Q = 25$m^3·h^{-1}）、第 6 工况（$T = 773$K，$d = 0.30$～0.45mm，$n = 20$r·min^{-1}，$Q = 30$m^3·h^{-1}）和第 2 工况（$T = 723$K，$d = 0.30$～

0.45mm，$n = 30\text{r}\cdot\text{min}^{-1}$，$Q = 20\text{m}^3\cdot\text{h}^{-1}$）四个工况条件快速热解获得热解炭。

7.4.1 热解炭场发射扫描电镜分析

炭场发射电镜分析结果如图 7.11～图 7.14 所示。

图 7.11　树皮热解产物炭扫描电镜分析图（工况条件：$T = 873\text{K}$，$d = 0.30\sim0.45\text{mm}$，$n = 40\text{r}\cdot\text{min}^{-1}$，$Q = 15\text{m}^3\cdot\text{h}^{-1}$）

图 7.12　树皮热解产物炭扫描电镜分析图（工况条件：$T = 823\text{K}$，$d = 0.30\sim0.45\text{mm}$，$n = 50\text{r}\cdot\text{min}^{-1}$，$Q = 25\text{m}^3\cdot\text{h}^{-1}$）

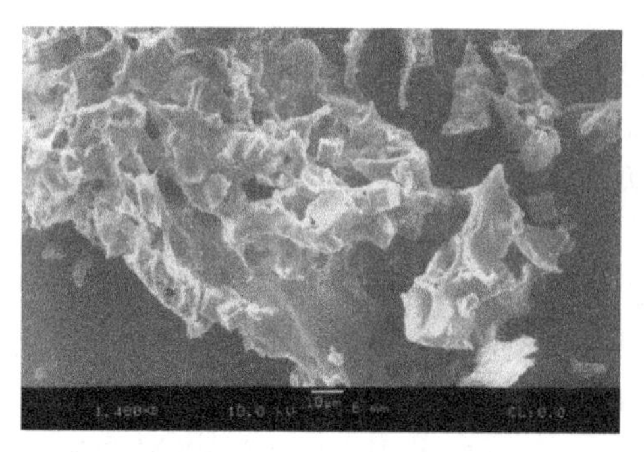

图 7.13　树皮热解产物炭扫描电镜分析图（工况条件：$T = 773\text{K}$，$d = 0.30\sim0.45\text{mm}$，$n = 20\text{r}\cdot\text{min}^{-1}$，$Q = 30\text{m}^3\cdot\text{h}^{-1}$）

7.14　树皮热解产物炭扫描电镜分析图（工况条件：$T = 723\text{K}$，$d = 0.30\sim0.45\text{mm}$，$n = 30\text{r}\cdot\text{min}^{-1}$，$Q = 20\text{m}^3\cdot\text{h}^{-1}$）

从图 7.11～图 7.14 可以看出，对于不同热解温度的树皮热解炭而言，随着温度从 723K 提高到 873K，扫描电镜图像显示出了更高的结晶化程度。当热解温度达到 873K 时，炭颗粒比较稳定，结晶颗粒排列紧凑，形成一个较为有序的整体；当热解温度降为 823K 时，图像中炭的晶体颗粒变少，排列紧凑程度下降；而当热解温度下降到 723K 时，图像表面只有零星可见的炭颗粒晶体，且未见其明显有序排列。

7.4.2　热解炭 X 射线衍射分析

使用 X 射线衍射仪测试过程中，采用 30mA 射线管电源，40kV 倍增电压的 Cu 靶辐射。进样速度为 $2°\cdot min^{-1}$。

热解炭 X 射线衍射分析结果见表 7.21、图 7.15～图 7.18。

表 7.21　落叶松树皮炭 X 射线衍射分析表

实验号	温度 T/K	树皮粒径 d/mm	进料量 $n/(r\cdot min^{-1})$	气体流量 $Q/(m^3\cdot h^{-1})$	结晶度/%	2θ/(°)	半峰宽
1	723	0.90～1.20	50	30	22.55	25	0.44
2	773	0.45～0.90	30	25	12.19	44.05	0.39
3	823	0.90～1.20	30	15	9.52	44.05	0.33
4	873	0.45～0.90	50	20	9.36	44.04	0.31

由表 7.21 和图 7.15 可知，温度在 450℃时热解炭在 25°处有很强的峰，为（002）面衍射峰，且峰的强度最高，而在 44°处没有峰。这说明在此条件下，落叶松树皮热解炭中存在类似石墨微晶结构。

由表 7.21 和图 7.16～图 7.18 可知，在 44°处有峰，为（100）面衍射峰，半峰宽越来越小，说明结晶化程度随温度升高而升高。

由表 7.21 可知，结晶度随热解温度的升高而降低。热解温度对树皮炭的性质有显著影响。随着温度的提高，树皮炭的结晶度有明显的下降的趋势，从 22.55% 降到了 9.36%。

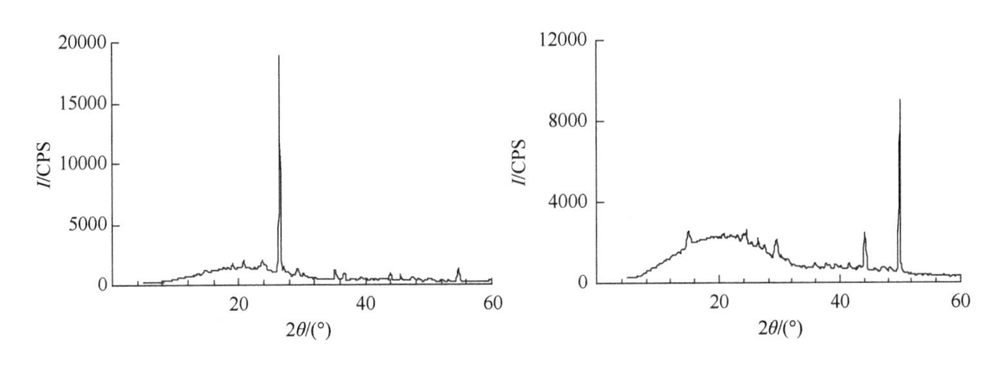

图 7.15　实验号 1 炭的 XRD 图　　图 7.16　实验号 2 炭的 XRD 图

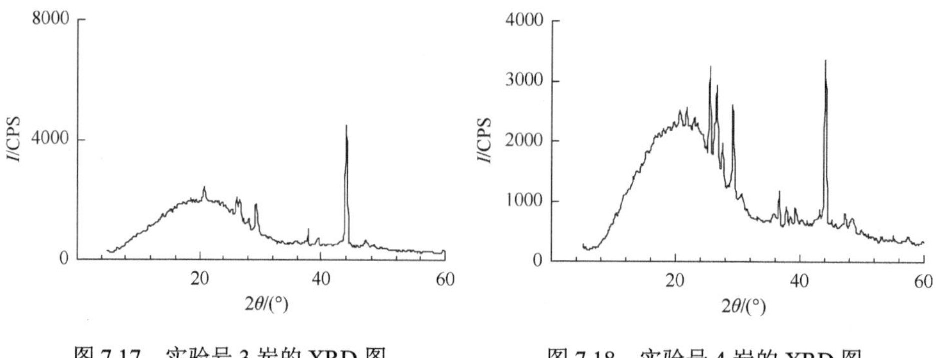

图 7.17 实验号 3 炭的 XRD 图

图 7.18 实验号 4 炭的 XRD 图

7.5 本章小结

（1）对第 6 章确定的 16 种工况下的生物油进行了 GC-MS 分析，结果表明，各工况对生物油成分的影响不大，对其中酚类物质含量影响显著的热解工艺参数为热解温度 T 和粒径 d。

（2）TCT 分析表明混合比为 80%的落叶松树皮和实木混合物的热解气中含量较多的是水、丙酮、苯和少量的一氧化碳。实木热解气中含量较多的是一氧化碳、水、丙酮和少量的苯。落叶松树皮热解气中含量较多的是一氧化碳、水、苯和少量的丙酮。落叶松树皮和实木热解气的主要成分不同，实木和落叶松树皮热解气主要成分含量区别显著的是苯和丙酮。

（3）落叶松树皮和实木的混合比例影响生物油中各组成含量，混合比增加时，脱水油含量降低，沥青质变化规律不明显。

（4）落叶松树皮快速热解脱水油中饱和烃多于实木，落叶松树皮脱水油中芳香类化合物少于实木，落叶松树皮脱水油中的酯类物质多于实木。落叶松树皮脱水油中的成分多于实木。

（5）含水率影响落叶松树皮生物油中脱水油的变化，含水率低于 25%的落叶松树皮脱水油含量低于含水率高于 25%的落叶松树皮脱水油的含量。含水率对 3 种洗脱馏分中成分影响不大。

（6）热解温度影响热解产物炭的结晶，热解温度升高，结晶度下降，结晶化程度提高。XRD 出峰在角度 2θ 为 44.02°～44.05°的位置，为（100）面。而在热解温度 723K 时快速热解炭在角度 2θ 为 25°的位置有衍射峰，为（002）面，而在角度 2θ 为 44.02°～44.05°的位置没有衍射峰。

（7）FTIR 分析表明：落叶松树皮、实木和混合比为 80%的混合物生物油中沥青质含有芳香族化合物和醛酮类物质。

（8）场发射电镜分析表明：热解温度升高，热解炭显示出了更高的结晶化程度。

第8章　结论与展望

8.1　结　　论

本书在对落叶松木材采用非等温热重法进行热解特性及动力学研究的基础上，研制了喷动循环流化床快速热解系统，并对此系统进行性能研究，同时对落叶松树皮进行快速热解制备生物油。以生物油产率、生物油中酚类物质含量及生物油改性酚醛树脂压制胶合板的强度为正交实验考核指标，优化快速热解工艺；并对优化工艺下，热解产物生物油和固体炭进行了分析；同时研究了热解工艺参数对产物成分的影响。以上研究对落叶松木材热解机理、快速热解生产生物油技术的放大、根据生物油成分优化快速热解工艺等领域研究具有理论意义和现实意义。

8.1.1　落叶松木材热重分析及动力学研究

（1）落叶松木材主要的热解区间都约在 400～720K 范围内，此温度范围内落叶松树皮挥发分析出量约占整个实验温度区析出量的 87%～91%，实木挥发分析出量约占整个实验温度区析出量的 91%～95%。落叶松树皮最大热解速率远远小于实木。落叶松实木的热解转化率大于落叶松树皮的热解转化率。所得结论为落叶松木材热分析研究提供理论参考。

（2）随升温速率增加，单位质量落叶松木材颗粒热解过程中吸放热量减少，且与升温速率呈线性相关。落叶松树皮热解单位吸热量大于实木热解单位吸热量，而落叶松树皮的单位热解放热量小于实木的单位热解放热量。所得结论为落叶松木材热分析研究提供理论参考。

（3）以温度 656K 为分界点，含水率对落叶松树皮热解特性的影响存在差异明显的两个区间。656K 以下时，在热解反应阶段，含水率对热解转化率没有影响；在 656K 以上时，含水率 15%～35%范围内，落叶松树皮热解转化率基本相同，且高于含水率为 5%的落叶松树皮。因此，这个发现对于确定热解物料的最佳含水率和计算物料热解转化率具有重要意义。

（4）提出了特征相关法确定机理函数的方法。此方法直接采用曲线比较，简化了通常确定热解机理函数的烦琐过程，避免了推导过程中由于简化而产生的误差，使得热解动力学模型更为直观简洁。

（5）建立了落叶松木材的热解动力学方程。该方程可以很好地描述落叶松热解现象，预测不同热解温度下的转化率，为研究落叶松木材快速热解动力学奠定了基础。

8.1.2 喷动循环流化床快速热解系统的研制及性能研究

（1）研制了一套特色鲜明的喷动循环流化床快速热解系统。采用系统中自产的惰性气体作为循环流化气体，有利于热解过程向生产生物油方向转化。

（2）在喷动循环流化床反应器的设计中，提出了平衡区和热解反应区的新概念。实验结果表明：根据这两个概念设计的分段式流化床能够使物料热解更为充分，可明显提高生物油产率，并且很好地解决了固相滞留时间受气相滞留时间控制的问题。

（3）自行研制的喷动循环流化床具有环隙区无死区、可避免易粘连颗粒在环隙区团聚、传热传质效果好、热解气体停留时间短、工作平稳、操作灵活、易于工业放大等特点，具有广阔的应用前景。

（4）喷动循环流化床反应器内能实现正负压热解环境，为以不同成分生物油为目标的生产提供实验条件。

（5）旋风烧蚀反应器的提出，实现了气固分离和旋风烧蚀功能的一体化。扩大了旋风分离器的功能，使热解系统更紧凑，并能有效利用来自喷动循环流化床热解气的热量，加热进入旋风烧蚀反应器内的物料，减少对旋风烧蚀反应器内物料加热的额外热量，起到降低能耗的作用。在动力消耗不变的前提下，提高了生物油产量。

（6）喷动循环流化床快速热解系统适宜的工作参数：沙子粒径为 0.2～0.3mm，静床层高为 100mm，流化气体流量为 10～30$m^3 \cdot h^{-1}$，螺旋进料转速为 10～50$r \cdot min^{-1}$，落叶松树皮颗粒粒径为 0.2～1.2mm。其为快速热解工艺优化提供技术参考。

8.1.3 喷动循环流化床落叶松树皮快速热解特性研究

（1）热解温度对落叶松树皮快速热解产物产率有显著影响，热解温度由 723K 开始，随温度的增加，生物油产率、气体产物产率增加，热解炭产率减少；当热解温度超过 823K 时，生物油产率开始减少，热解炭产率开始增加，气体产率增加的幅度加大。其为喷动循环流化床快速热解系统热解工艺的优化提供理论依据。

（2）流化气体流量对落叶松树皮快速热解产物产率有影响。流化气体流量增加，当气体流量增加到 20$m^3 \cdot h^{-1}$ 时，生物油产率开始增加，当流化气体流量达到 25$m^3 \cdot h^{-1}$ 时，生物油产率不发生变化。气体的产率随气体流量的增加，有轻微的下降趋势。热解炭的产率随流化气体流量增加而降低。其为喷动循环流化床快速热解系统热解工艺的优化提供理论依据。

（3）建立了落叶松树皮快速热解产物（生物油）产率和气体产率的热解动力学方程。对方程预测值与实验值的比较表明，此方程能很好地预测落叶松树皮快速热解产物（生物油）和气体的产率。

8.1.4 落叶松木材快速热解工艺的研究

以提高生物油产率、生物油中酚类物质含量和活性、生物油改性酚醛树脂质量及胶合板强度为目标，优化快速热解工艺，为生物油的直接利用提供了新的技术手段。

（1）最优化的快速热解工艺为：热解温度 $T = 823\text{K}$、落叶松树皮颗粒粒径 $d = 0.30\sim0.45\text{mm}$、螺旋转速 $n = 20\text{r}\cdot\text{min}^{-1}$、$Q = 25\text{m}^3\cdot\text{h}^{-1}$。

（2）热解温度、树皮粒径、螺旋进料器转速和流化气体流量 4 个因素对生物油产率影响差异程度的次序依次为：$T>Q>d>n$；对酚类物质含量影响差异程度的次序依次为：$d>T>n>Q$；对胶合强度影响差异程度的次序依次为：$T>Q>d>n$。其为确定快速热解工艺参数提供理论依据。采用本优化工艺可以使生物油产率达到60%以上，生物油中酚类物质含量高于 30%，生物油改性酚醛树脂苯酚替代率可达到 40%，制备的胶合板性能指标达到了国家 I 类板标准。

（3）落叶松树皮和实木的混合比（k）对混合物快速热解产物有一定影响。随混合比的增加，生物油的产率减少，炭的产率增加。另外，当 k 在 0.2～0.8 之间、热解温度 823K 时，热解过程中落叶松树皮和实木将发生轻微的热解协同反应。

（4）含水率对落叶松树皮热解产物产率影响很大。含水率 25%是一个转折点，当落叶松树皮含水率低于 25%时，生物油的产率随含水率的增加而减少，不可凝气体产率增加，含水率高于 25%时，正好相反。与生物油和不可凝气体的产率相比，炭的产率受含水率的影响不大。

（5）炭的堆积密度随 k 的增加有增加趋势。落叶松树皮热解炭的堆积密度随含水率的增加而下降，随粒径的增加而减少。

8.1.5 落叶松木材快速热解产物分析

（1）TCT 分析表明落叶松树皮和实木混合物热解气中含量较多的是水、丙酮、苯和少量的一氧化碳。实木热解气中含量较多的是一氧化碳、水、丙酮和少量的苯。树皮热解气中含量较多的是一氧化碳、水、苯和少量的丙酮。原料不同，热解气的主要成分不同。

（2）落叶松树皮生物油中饱和烃多于实木，芳香类化合物少于实木，酯类物质多于实木。落叶松树皮生物油中的成分种类多于实木。

（3）含水率影响落叶松树皮生物油中脱水油的变化，含水率低于25%的落叶松树皮脱水油含量低于含水率高于25%的落叶松树皮脱水油的含量。含水率对脱水油中各成分种类影响不大。

（4）热解温度影响热解产物炭的结晶，热解温度升高，结晶度下降，但结晶化程度提高。XRD出峰在角度2θ为44.02°～44.05°的位置，结晶面为（100），而热解温度在723K时，在角度2θ为25°的位置出现了石墨化衍射峰，且峰的强度很强。

8.2 主要创新点

（1）本书立足于利用生物油替代苯酚制备生物油改性酚醛树脂及工程化角度，创新性地对快速热解机理、工艺、设备以及快速热解生物油高附加值利用整个产业链进行了系统的、全面深入的理论研究和实验探索，取得了一系列成果。在此领域，如此从理论、工艺、设备和应用系统等方面进行的研究，还未见报道。研究成果明晰了利用快速热解手段实现生物质资源化工利用的有效途径，解决了快速热解产业化某些关键技术和经济性问题，对于生物质快速热解产业化提供了科学依据，此技术具有很大的应用价值和广阔的应用前景。

（2）在喷动循环流化床反应器的设计中，提出了平衡区和热解反应区的新概念。实验结果表明：根据这两个概念设计的分段式流化床能够使物料热解更为充分，可明显提高生物油产率，并且很好地解决了固相滞留时间受气相滞留时间控制的问题。

（3）提出了二次进料和旋风分离相结合的新技术，由此将流态化与旋风烧蚀两种快速热解方式有机结合起来，研制出了流态化-旋风烧蚀双反应器快速热解新型系统。实验证明：该系统可降低流化床产生的热解气体进入冷凝器的温度，减少了冷凝器的负荷；更重要的是有效利用了流化床产生的热解气体热量加热二次进料，二次进料在旋风分离器内进行旋风烧蚀快速热解，这样在不增加循环气体动力的情况下，增加了进料量，提高了热解能力，降低了单位物料的能量消耗。

（4）创新性地研究了含水率对落叶松树皮热解转化率的影响。研究发现：以温度656K为分界点，含水率对落叶松树皮热解特性的影响存在差异明显的两个区间。656K以下时，在热解反应阶段，含水率对热解转化率没有影响；在656K以上时，含水率15%～35%范围内，落叶松树皮热解转化率基本相同，且高于含水率为5%的落叶松树皮。快速热解大都发生在656K以上，因此，这个发现对于确定热解物料的最佳含水率和计算物料热解转化率具有重要意义。

（5）建立了描述落叶松木材热解转化率的热解动力学模型，提出了与以往研究不同的特征相关法来确定方程中热解机理函数的新方法。此方法直接采用曲线比较，简化了通常确定热解机理函数的烦琐过程，避免了推导过程中由于简化而产生的误差，使得热解动力学模型更为直观简洁。该方程可以很好地描述落叶松热解过程，预测不同热解温度下的转化率，为研究落叶松木材快速热解动力学奠定了基础。

（6）以提高生物油产率、生物油中酚类物质含量和活性、生物油改性酚醛树脂质量及胶合板强度为目标，建立了落叶松快速热解工艺优化模式，并提出了在本书研究内容条件下的落叶松快速热解最佳工艺。优化实验表明，采用本优化工艺可以使生物油产率达到 60%以上，生物油中酚类物质含量高于 30%，生物油改性酚醛树脂苯酚替代率可达到 40%，制备的胶合板性能指标达到了国家 I 类板标准。

（7）创新性地建立了落叶松树皮快速热解产物——生物油和气体产率的快速热解动力学模型。通过模型预测值与实验值比较，证明该模型能很好地预测落叶松树皮快速热解产物——生物油和气体的产率，可为从理论上探索落叶松树皮热解机理和特性提供新的手段，也可为成本核算以及经济效益分析提供理论参考。

（8）以含水率 25%为分界点，含水率对落叶松树皮快速热解产物产率的影响存在两种不同规律。含水率低于 25%时，随含水率的增加生物油的产率减少，气体产率增加；相反，含水率高于 25%时，随含水率增加生物油的产率增加，气体产率减少。与生物油产率和气体产率相比，炭的产率受含水率的影响不大。

8.3　建议和展望

（1）建立描述快速热裂解过程具有普遍意义的热解动力学模型。

（2）对生物质热解过程机理的认识对生物质热解设备的放大、热解工艺的确定具有重要的理论意义和应用价值。如果能将其他更先进的仪器如质谱、色谱等与热重分析仪联用，对得到的产物能够及时、准确分析，获得产物组成与反应条件的规律性关系，将会对生物质热解机理有更全面、更深入的认识。

（3）以提高生物油苯酚替代率为目标来直接调整热解工艺，对充分降低生物油酚醛树脂胶黏剂的成本有更为直接的意义，可为快速热解设备专业化设计提供技术支撑。

（4）热解炭具有较宽范围的微观结构，因此，必须对热解炭的微观结构进行清晰的描述与表征，对扩大热解炭的应用领域有重要意义。

（5）由于生物油成分非常复杂，其中不乏很多有价值的物质，对热解产物生物油成分进行定性-定量鉴定，找到其中价值很高的化合物，然后再调整热解工艺使热解过程向有利于形成该化合物的方向发展。充分发挥快速热解工艺的潜能，扩大热解产物生物油的利用领域，提高快速热解的技术含量。

（6）制订不同品质生物油质量标准。

（7）建议在喷动循环流化床快速热解系统的基础上进行改进，改善气体布风板的结构，充分提高流化质量。气-固分离器气体出口处安装耐高温的气体过滤装置，以减少生物油中炭的含量。改变冷凝方式，提高冷凝效果，在循环管路上安装油-气分离装置，减少循环管道中气体的生物油含量（拟采取的措施为降低生物油收集瓶中气体的流速）。系统中安装一个气体缓冲罐（起到稳定系统压力的作用）。对系统中所有阀门实行自动监测和控制。

参 考 文 献

巴苏 P，弗雷泽 S A. 1994. 循环流化床锅炉的设计与运行. 岑可法，等译. 北京：科学出版社.
岑可法，倪明江，骆仲泱，等. 1998.循环流化床锅炉理论设计与运行. 北京：中国电力出版社.
岑可法，倪明江，严建华，等. 1999. 气固分离理论及技术. 杭州：浙江大学出版社.
常杰. 2003. 生物质液化技术的研究进展.现代化工，23（9）：13-17.
陈甘棠，王樟茂. 1996. 多相流反应工程.杭州：浙江大学出版社.
戴维森 J F，哈里森 D. 1981. 流态化. 中国科学院化工冶金研究所，化学工业部化工机械研究院，等译. 北京：科学出版社.
戴先文，周肇秋，吴创之，等. 2000. 循环流化床作为生物质热解液化反应器的实验研究. 化学反应工程与工艺，16（3）：263-269.
董治国，王述洋，李滨. 2004.转锥式生物质热解液化装置的实验研究.林业机械与木工设备，32（4）：17-19.
杜洪双，常建民，王鹏起，等. 2007.木质生物质快速热解生物油产率影响因素分析.林业机械与木工设备，35（3）：16-20.
冯胜. 1993. 精细化工手册.广州：广东科技出版社.
顾念祖. 1998. 生物质能生产煤气的探讨. 煤气与热力，18（4）：8-9.
郭艳，王垚，魏飞，等. 2001. 杨木快速裂解过程机理研究. 高校化学工程学报，15（5）：440-445.
郭艳，王垚，魏飞，等. 2002. 生物质快速裂解液化技术的研究进展. 化工进展，（8）：13-17.
国井大藏，列文斯比尔. 1977. 流态化工程. 华东石油学院译. 北京：石油化学工业出版社.
韩宝琦，李树林. 2002. 制冷空调原理及应用. 北京：机械工业出版社.
何芳，易维明，柏雪源. 1999. 国外利用生物质热解生产生物油的装置. 山东工程学院学报，13（3）：61-64.
何芳，易维明，柏雪源，等. 2003. 几种生物质热解反应动力学模型的比较. 太阳能学报，24（6）：771-775.
何芳，易维明，孙容峰，等. 2002.小麦和玉米秸秆热解反应与热解动力学分析. 农业工程学报，18（4）：10-13.
胡荣祖，史启祯. 2001. 热分析动力学. 北京：科学出版社.
胡云楚，陈茜文，周培疆，等. 1995. 木材热分解动力学研究. 林产化学与工业，15（4）：45-49.
华自强. 1979.工程热力学. 2 版. 北京：高等教育出版社.
化工部热工设计技术中心站. 1998. 热能工程设计手册. 北京：化学工业出版社：30-34.
《化学工程手册》编辑委员会. 1989. 化学工程手册（第五分册）. 北京：化学工业出版社.
《化学工程手册》编辑委员会. 1991. 化学工程手册 第五卷.北京：化学工业出版社.
黄璐，王保国. 1999. 化工设计. 北京：化学工业出版社.
机械工程手册 电机工程手册编辑委员会. 1979.机械工程手册（第 68 篇运输机械）. 北京：机

械工业出版社.
机械工程手册 电机工程手册编辑委员会. 1997. 机械工程手册（第13篇物料搬运设备卷）. 北京：机械工业出版社.
江淑琴. 1995. 生物质燃料的燃烧与热解特性. 太阳能学报，16（1）：23-27.
蒋剑春，沈兆邦. 2003. 生物质热解动力学的研究. 林产化学与工业，23（4）：2-6.
金涌，祝京旭，汪展文，等. 2001. 流化态工程原理. 北京：清华大学出版社.
孔晓英，武书彬，唐爱民，等. 2001. 农林废弃物热解液化机理及其主要影响因素. 造纸科学与技术，20（5）：22-26.
赖艳华，吕明新，马春元，等. 2002. 秸秆类生物质热解特性及其动力学研究. 太阳能学报，23（2）：46-50.
李坚，栾树杰. 1993. 生物木材学. 哈尔滨：东北林业大学出版社.
李民栋，纪文兰. 1994. 兴安落叶松化学组成的研究. 中国造纸，13（1）：58-60.
梁庚煌.1983. 运输机械手册. 北京：化学工业出版社.
廖洪强，孙成功，李保庆，等. 1998. 煤-焦炉气共热解特性研究（III）. 热解焦油分析. 燃料化学学报，26（1）：7-12.
廖艳芬，王树荣，洪军，等. 2002. 生物质热裂解制取液体燃料的实验研究.能源工程，(3)：1-3.
林明清，何泽民，钱恒，等. 1962.通风除尘. 北京：化学工业出版社.
刘国喜，庄新姝，夏光喜，等. 2000. 生物质气化的热利用. 农村能源，2：16-19.
刘汉桥，蔡九菊，包向军，等. 2003. 废弃生物质热解的两种反应模型对比研究.材料与冶金学报，(2)：153-156.
刘建仁. 1999. 普通旋风除尘器结构尺寸优化设计. 环境科学学报，19（3）：342-344.
刘乃安，范维澄，Ritsu D，等. 2001. 一种新的生物质热分解失重动力学模型.科学通报，46(10)：876-880.
刘乃安，王海晖，夏敦煌，等. 1998. 林木热解动力学模型研究. 中国科技大学学报，28（1）：40-48.
刘仁庆. 1985. 纤维素化学基础. 北京：科学出版社.
刘荣厚，陈义良，鲁楠，等. 1999. 生物质热裂解技术的实验研究. 农村能源，87（5）：17-19.
刘荣厚，鲁楠，曹玉瑞，等. 1997. 旋转锥反应器生物质热裂解工艺过程及实验.沈阳农业大学学报，28（4）：307-311.
刘荣厚，武丽娟，李天舒. 2005. 生物质快速热裂解制取生物油的研究. 中农业工程学会学术年会论文集：269-273.
刘宇刚. 2005. 关于利用生物质能技术的思考. 佳木斯大学学报（自然科学版），23（3）：443-445.
刘振海. 1991. 热分析导论. 北京：化学工业出版社.
马校飞. 2005. 生物质热解液化实验研究. 重庆：重庆大学.
米铁，刘武标，刘德昌，等. 2001. 生物质流化床气化炉气化过程的实验研究.化工装备技术，22（6）：7-10.
潘云祥，管翔颖，马曾媛，等. 1999. 一种确定固相反应机理函数的新方法—固态草镍（II）二水合物脱水过程的非等温动力学. 无机化学学报，15（2）：245-252.
庞美容. 1994. 慢速螺旋输送机的功率探讨. 饲料工业，15（11）：17-18.
上海机电设计院. 1956. 铸造车间机械化—斗式提升机螺旋输送机. 北京：机械工业出版社.

沈兴. 1995. 差热、热重分析与非等温固相反应动力学. 北京：冶金工业出版社.
师树才，乔学福，杨盛启，等. 2003. 化工过程设备手册. 北京：中国石化出版社.
史立山. 2004. 中国能源现状分析和可再生能源发展规划. 可再生能源，5：1-4.
宋春财，胡浩权. 2003. 秸秆及其主要组分的催化热解及动力学研究. 煤炭转化，26（3）：91-97.
宋春财，胡浩权，朱盛维，等. 2003. 生物质秸秆热重分析及几种动力学模型结果比较.燃料化学学报，31（4）：311-316.
孙达旺. 1992. 植物单宁化学. 北京：中国林业出版社.
孙一坚. 1994. 工业通风. 北京：中国建筑工业出版社.
孙振刚，马晓茜，卢苇华. 2001. 农产品加工剩余物焚烧过程的干燥热解特性研究.农业机械学报，32（2）：49-51.
王昶，贾青竹，李崇武. 2004. 松木生物质向轻质芳烃转化的催化分解. 天津科技大学学报，19（4）：1-5.
王克. 2003.旋风除尘器结构设计探析. 矿山机械，（7）：36-37.
王丽红，柏雪源，易维明，等. 2006. 玉米秸秆热解生物油特性的研究. 农业工程学报，22（3）：108-111.
王树荣，骆仲泱，董良杰，等. 2002. 生物质闪速热裂解制取生物油的试验研究.太阳能学报，23（1）：4-10.
王树荣，骆仲映，董良杰，等. 2004. 几种农林废弃物热裂解制取生物油的研究.农业工程学报，20（2）：246-247.
王璋保. 2003. 对我国能源可持续发展战略问题的思考. 工业加热，2：1-5.
文丽华，王树荣，施海云，等. 2004. 木材热解特性和动力学研究. 消防科学与技术，23（1）：2-5.
翁中杰，程惠尔，戴华淦. 1987. 传热学.上海：上海交通大学出版社.
吴创之，徐冰，罗曾凡，等. 1997. 生物质中热值气化装置设计与运行.太阳能学报，18（1）：1-6.
吴亭亭，曹建勤，魏敦崧，等. 1998. 反应条件对生物质焦气化反应动力学的影响. 华东理工大学学报，24（5）：559-562.
奚同庚. 1981. 无机材料热物性学. 上海：上海科学技术出版社.
夏敏文. 1998. 热能工程设计手册. 北京：化学工业出版社.
肖尊琰. 1988. 栲胶. 北京：中国林业出版社.
小阿瑟 J C. 1983. 纤维素化学与工艺学. 陈德峻，等译. 北京：轻工业出版社.
徐保江，李美玲，曾忠. 1999a. 生物质热解液化技术的应用前景. 源研究与信息，15（2）：19-24.
徐保江，李美玲，曾忠. 1999b. 旋转锥式闪速热解生物质试验研究. 环境工程，17（5）：71-74.
徐保江，鲁楠，李金树，等. 1999c. 生物质热解液化生物质油的试验研究. 农业工程学报，15（3）：177-180.
徐明杰，高俊霞. 1993. 旋风分离器内部气流组织及对分离效果的影响. 第五届全国流态化会议文集：461-466.
徐清. 2001. 生物质快速热解制燃料油. 上海：华东理工大学.
许为全. 1999. 热质交换过程与设备. 北京：清华大学出版社.
许越. 2004. 化学反应动力学. 北京：化学工业出版社.

薛江涛. 2005. 流化床煤热解气化过程中焦油析出特性研究. 杭州：浙江大学.
杨淑蕙. 2001. 植物纤维化学. 北京：中国轻工业出版社.
易维明，柏雪源，何芳，等. 2000.利用热等离子体进行生物质液化技术的研究.山东工程学院学报，14（1）：9-12.
阴秀丽，徐冰嬿，吴创之，等. 1996.生物质循环流化床气化炉的数学模型研究.太阳能学报，17（1）：1-8.
于伯龄，姜胶东. 1990. 实用热分析.北京：纺织工业出版社.
余春江，骆仲泱，方梦祥，等. 2002. 一种改进的纤维素热解动力学模型. 浙江大学学报（工学版），36（5）：509-515.
余玮，吴新华. 1989. 八种原料及其主要成分热解的研究——木材热解机理初探.林产化学与工业，9（3）：13-22.
袁振宏，吴创之，马隆龙，等. 2005.生物质能利用原理与技术. 北京：化学工业出版社.
臧雅茹. 1995. 化学反应动力学.天津：南开大学出版社.
曾宪城，张元勤. 2003. 化学反应热动力学理论与方法. 北京：化学工业出版社.
曾忠. 2002. 生物质热解液化试验研究.应用科学学报，20（2）：215-217.
张进平，蒋剑春，金淳，等. 2001.生物质流态化催化气化技术研究. 林产化学与工业，21（3）：16-20.
张丽. 2006. 落下床反应器中煤与生物质共热解研究. 大连：大连理工大学.
赵军，王述洋. 2007. 我国农业生物质资源与利用. 现代农业，（1）：30-31.
赵俊成，孙立，易维明. 2004.在管式炉中生物质热解的机理.山东理工大学学报（自然科学版），18（2）：33-36.
赵凯华，罗蔚茵. 1998. 传热学. 北京：高等教育出版社.
赵明，吴文权，卢玫，等. 2002. 稻草热裂解动力学研究. 农业工程学报，18（1）：107-110.
赵起越，岳志孝. 2001. 酚焦油中酚类物质的气相色谱分析. 石油化工，30（4）：305-307.
郑志方. 1985. 树皮化学与利用. 北京：中国林业出版社.
中野準三，等. 1989.木材化学. 包禾，李忠正译. 北京：中国林业出版社.
钟声玉，王克光. 1989. 流体力学和热工理论基础（修订本）. 北京：机械工业出版社.
周谟仁. 1985. 流体力学泵与风机. 北京：中国建筑工业出版社.
朱斌昕. 1984. 粮食装卸运输机械. 北京：中国财政经济出版社.
朱炳辰. 1998. 化学反应工程. 北京：化学工业出版社.
朱满洲，朱锡锋，郭庆祥，等. 2006. 以玉米秆为原料的生物质热解油的特性分析，36(4)：374-377.
朱锡锋，朱建萍. 2004. 生物质热解液化技术经济分析. 能源工程，6：32-34.
Agrawal R K. 1987. A new equation for modeling nonisothermal reactions. Thermal Analysis，32：149-156.
Agrawal R K. 1998. Kinetics of reaction involved in the pyrolysis of cellulose. Canadian Journal of Chemical Engineering，9（3）：13-22.
Aiman S，Stubington J F. 1993. The pyrolysis kinetics of bagasse at low heating rates.Biomass and Bioenergy，5（2）：113-120.
Antal J J M，Várhegyi a，Jakab E. 1998. Cellulose pyrolysis kinetics：revisited. Industrial and Engineering Chemistry Research，37：1267-1275.

Antal M J. 1983. Advances in Solar Energy. New York：American Solar Energy Society：61-111.

Antal M J，Varhegyi G.1995. Cellulose pyrolysis kinetics：the current state of knowledge. Industrial and Engineering Chemistry Research，34：703-717.

Babu B V，Chaurasia A S. 2003. Modeling for pyrolysis of solid particle：kinetics and heat transfer effects. Energy Conversion and Management，44（14）：2251-2275.

Babu B V，Chaurasia A S. 2004. Pyrolysis of biomass：improved models for simultaneous kinetics and transport of heat，mass and momentum. Energy Conversion and Management，45（9-10）：1297-1327.

Beaumont O，Schwob Y. 1984. Infuence of physical and chemical parameters on wood pyrolysis. Industrial and Engineering Chemistry Process Design and Development，23：637-641.

Beis S H，Onay O，Kockar M. 2002. Fixed-bed pyrolysis of saffower seed：infuence of pyrolysis parameters on product yields and compositions. Renewable Energy，26：21-32.

Bilbao R，Mastral J F，Aldea M E，et al.1997. Kinetic study for the thermal decomposition of cellulose and pine sawdust in an air atmosphere. Journal of Analytical and Applied Pyrolysis，39：53-64.

Blasi C D. 1996. Infuence of model assumptions on the prediction of cellulose pyrolysis in the heat transfer controlled regime. Fuel，75：58-66.

Blasi C D.1997. Influences of physical properties on biomass devolatilization characteristics. Fuel，76（10）：957-964.

Blasi C D. 1998. Comparison of semi-global mechanism for primary pyrolysis of lignocellulosic fuels. Journal Analytical and Applied Pyrolysis，47：43-64.

Blasi C D，Signorelli G，Russo C D，et al. 1999. Product distribution from pyrolysis of wood and agricultural residues. Industrial and Engineering Chemistry Research，38：2216-2224.

Bockhom H，Homung A，Homung U，et al. 1996. Investigation of the kinetics of thermal degradation of commodity plastic. Combustion Science and Technology，116-117：129-151.

Bridgewater A. 1999. Principles and parctice of biomass fast pyrolysis processes for liquids. Journal of Analytical and Applied Pyrolysis，51（1）：3-22.

Bridgwater A V. 1995. The technical and economic feasibility of biomass gasif ication for power generation. Fuel，74（5）：631-653.

Bridgewater A V，et al. 1996. Developments in Thermochemical Biomass Conversion. Dordrecht：Kluwer Academic Pub.

Bridgewater V，Peacocke G V C. 2000. Fast pyrolysis processes for biomass. Renewable and Sustainable Energy Reviews，4：1-73.

Bridgwater A V，Meier D. 1999. An overview of fast pyrolysis of biornass. Organic Geochemistry，30：1479-1493.

Bridgwater A V，Peacocke G V C.2000. Fast pyrolysis processes for biomass. Renwable and Sustainable Energy Reviews，（4）：1-73.

Bridgwater P V，Double J M.1991. Production costs of liquid fuels from biomass. Fuel，70：1209-1224.

Bryden K M. 2002.Modeling thermally thick pyrolysis of wood. Biomass and Bioenergy，22：41-53.

Caglar A，Demirbas A. 2002. Hydrogen rich gas mixture from olive husk via pyrolysis. Energy Conversion and Management，43（1）：109-117.

Castillo S，Bennini S，Gas G，et al.1989. Pyrolysis mechanisms studied on labelled lignocellulosic materials：method and results. Fuel，68：174-177.

Chan W C R，Kelbon M，Krieger B B.1985. Modeling and experimental verification of physical and chemical processes during pyrolysis of a large biomass particle. Fuel，65：1505-1513.

Chen G，Andries J，Luo Z，et al. 2003a. Biomass pyrolysis/gasification for product gas production：the overall investigation of parametric effects. Energy Conversion and Management，44（11）：1875-1884.

Chen G，Andries J，Spliethoff H. 2003b. Catalytic pyrolysis of biomass for hydrogen rich fuel gas production. Energy Conversion and Management，44（14）：2289-2296.

Chen G，Fang M，Andries J，et al. 2003c. Kinetics study on biomass pyrolysis for fuel gas production. Journal of Zhejiang University Science，4：441-447.

Coast A W，Redfern J P. 1964. Kinetic parameters from thermogravimetric data. Nature，201：68-69.

Colomba D B. 1998. Comparison of semi-global mechanisnvs for primary pyrolysis of lignocellulosic fuels. Journal of Analytical and Applied Pyrolysis，47：43-64.

Cordero T，Garcia F T，Rodriguez，J J. 1994. A kinetic study of holm oak wood pyrolysis from dynamic and isothermal TG experiments. Thermochimica Acta，244：1-20.

Cuevas A，Medina E. 1993.Leben, Galicia: Collection, Handling, and Thermochemical Energy Use of Resulting Products. Joule Contractors Meeting, Athens.

Dai X，Wu C，Li H B，et al. 2000. The fast pyrolysis of biomass in CFB reactor. Energy and Fuels，14（3）：552-557.

De Caumia B，Pakel H. 1988. Preliminary feasibility study of the biomass vacuum pyrolysis process. Elsevier Applied Science，585-596.

Demirbas A. 2004. Effect of initial moisture content on the yields of oily products from pyrolysis of biomass. Journal of Analytical and Applied Pyrolysis，71（2）：803-815.

Demirbas A，Arin G. 2002.An overview of biomass pyrolysis. Energy Sources，24（5）：471-482.

Dennis Y C，Leung X L，Yin C Z，et al. 2004. A review on the development and commercialization of biomass gasification technologies in China.Renewable and Sustainable Energy Reviews，8：1-16.

Diebofd J P，Czernik S，Scahill J W，et al. 1994. Hot-gas filtration to remove char from pyrolysis vapours produced in the vortex reactor at NREL//Milne T A. Biomass Pyrolysis Oil Properties and Combustion Meeting. NREL：90-108.

Elliott D C. 1994. Alkali and char in flash pyrolysis oils. Biomass and Bioenergy，7（1-6）：179-185.

Elliott D C，Baker E G，Beckman D，et al. 1990. Technoeconomic assessment of direct biomass liquefaction to transportation fuels.Biomass，22（1-4）：251-269.

Encinar J M，Beltran F J，Bernalt A，et al.1996. Pyrolysis of two agricultural residues：olive and grape bagasse. influence of particle size and temperature. Biomass and Bioenergy，11（5）：397-409.

Encinar J M，Beltran F J，Ramiro A，et al. 1998. Pyrolysis/gasification of agricultural residues by carbon dioxide in the presence of different additives：influence of variables. Fuel Processing Technology，55（3）：219-233.

Fagbemi L，Khezami L，Capart R.2001.Pyrolysis products from different biomasses：application to the thermal cracking of tar. Applied Energy，69（4）：293-306.

Font R，Marcilla A. 1991. Thermogravimetric kinetic study of the pyrolysis of aimond shells and almond shells with CoC_{12}. Journal of Analytical and Applied Pyrolysis，21：249-264.

Franco C，Pinto F，Gulyurtlu I，et al. 2003. The study of reactions in fluencing the biomass steam gasification process. Fuel，82：835-842.

Gera D，Gautam M，Tsuji Y，et al.1998. Computer simulation of bubbles in large-particle fluidized beds. Powder Technology，98（1）：38-47.

Hayes R D. 1998. Biomass pyrolysis technology and products：A Canadian viewpoint//Soltes J，Milne T A. Pyrolysis Oils From Biomass. ACS Symposium Series，376：8-15.

Haykiri-Acma H，Yaman S，Kucukbayrak S. 2006.Effect of heating rate on the pyrolysis yields of rapeseed.Renewable Energy，31：803-810.

Himmelblau D A，Grozdits G A.1999. Production of wood composite adhesives with air-blown，fluidized-bed pyrolysis oil. Forest Products Society：137-148.

Hoomans B P B，Kuipers J A M，Briefs W J，et al.1996. Discrete particle simulation of bubble and slug formation in a two-dimensional gas-fluidized bed：a hard-sphere approach. Chemical Engineering Science，51：99-108.

Horne P A，Williams P T. 1996. Infuence of temperature on the products from the fash pyrolysis ofbiomass. Fuel，75（9）：1051-1059.

Ingemarsson A，Nilsson U，Nilsson M，et al. 1998. Slow pyrolysis of spruce and pine samples studied with GC/MS and GC/FTIR/FID. Chemosphere，36：2879-2889.

Isiama M N，Anib F N. 2000.Techno-economics of rice husk pyrolysis，conversion with catalytic treatment to produce liquid fuel. Bioresource Technology，73：67-75.

Islam F N，Zailani R，Nasir F，et al.1999. Pyrolytic oil from fluidized bed pyrolysis of oil palm shell and its characterisation. Renew Energy，17：73-84.

Jalan R K，Srivastava V K.1999.Studies on pyrolysis of a single biomass cylindrical pellet-kinetic and heat transfer effects. Energy Conversion and Management，40（5）：467-494.

Kawaguchi T，Tanaka T，Tsuji Y. 1998. Numerical simulation of two-dimensional fluidized beds using the discrete element method（comparison between the two-and three-dimensional models）. Powder Technology，96（2）：129-138.

Klose W，Wiest W. 1999. Kinetic of pyrolysis of rice husk. Bioresource Technology，78：53-59.

Koufopanos C A，Maschio Q，Lucchesi A.1989. Kinetic modelling of the pyrolysis of biomass and biomass components . Canadian Journal of Chemical Engineering，67：5-84.

Koufopanos C A，Papayannakos N，Maschio G，et al.1991. Modeling of the pyrolysis of biomass particles，studies on kinetics，thermal and heat transfer effects. Canadian Journal of Chemical Engineering，69：907-915.

Kung H C.1972. A mathematical model of wood pyrolysis. Combustion and Flame，18（2）：185-195.

Lee T V，Beck S R.1984. News integral approximation formula for kinetics of nonisothermal TGA data. Aiche Journal，30：1036-1038.

Li S，Xu S，Liu S，et al. 2004. Fast pyrolysis of biomass in free-fall reactor for hydrogen-rich gas.

Fuel Processing Technology，85（8-10）：1201-1211.

Liu N A.2002. Kinetic modeling of thermal decomposition of natural cellusic materials in air atmosphere. Journal of Analytical and Applied Pyrolysis，63：303-325.

Liu N A，Fan W，Dobashi R，et al. 2002. Kinetic modeling of thermal decomposition of natural cellulosic materials in air atmosphere. Journal of Analytical and Applied Pyrolysis，63：303-325.

Maggi R，Delmon B.1994. Comparison between slow and fash pyrolysis oils from biomass. Fuel，73（5）：671-677.

Maniatis K，Baeyens J，Peeters H，et al. 1993. The Egemin flash pyrolysis process：commissioning and results//Bridgwater A V. Advances in Thermochemical Biomass Conversion Dordrecht：Blackie Springer Science Business Media：1257-1264.

Manya J J，Velo E，Puigjaner L. 2003. Kinetics of biomass pyrolysis：a reformulated three-parallel-reactions model. Industrial and Engineering Chemistry Research，42（3）：434-441.

Miller R S，Bellan J. 1997. A generalized biomass pyrolysis model based on superimposed cellulose，hemicellulose and lignin kinetics. Combustion Science and Technology，126：97-137.

Milosavljevic L，Suuberg E M.1995. Cellulose thermal decomposition kinetics：global mass loss kinetics. Industrial and Engineering Chemistry Research，34：1081-1091.

Minowa T，Kondo T，Soetrisno T，et al. 1998. Thermochemical liquefaction of Indonesian biomass residues. Biomass and Bioenergy，14（5/6）：517-524.

Momoh M，Eboatu A.1996. Thermogravimetric studies of the pyrolytic behaviour in air of selected tropical timbers. Fire Mater，20：173-181.

Onay O，Kockar O M. 2003. Slow fast and fash pyrolysis of rapeseed. Renewable Energy，28（15）：2417-2433.

Orfao J，Antunes F，Figueiredo J.1999. Pyrolysis kinetics of lignocellulosic materials-three independent reaction model. Fuel，78：349-358.

Ouyang J，Li J. 1999. Particle-motion-resolved discrete model for simulating gas-solid fluidization. Chemical Engineering Science，54：2077-2083.

Popescu. 1996. Integral method to analyze the kinetics of heterogeneous reactions under non-isothermal conditions-a variant on the Ozawa-Flynn-Wall method. Thermochim Acta，285（2）：309-323.

Prasad T P，Kanungo S B，Ray H S. 1992. Non-isothermal kinetics：some merits and limitations. Thermochimica Acta，203（1）：503-514.

Rao T R，Shanna A. 1998. Pyrolysis rates of biomass materials. Energy，23：973-978.

Rapagna S，Tempesti E，Foscolo P U，et al. 1992. Continuous fast pyrolysis of biomass at high temperature in a fuidized bed reactor. Journal of Thermal Analysis，38：2621-2629.

Reina J.1998. Kinetic study of the pyrolysis of waste wood.Industrial and Engineering Chemistry Research，37：4290-4295.

Sensoz S，Can M. 2002. Pyrolysis of pine chips：Effect of pyrolysis temperature and heating rate on the product yields. Energy Sources，24（4）：347-355.

Sipila K，Kuoppala E，Fagernas L，et al. 1998.Characterization of biomass-based flash pyrolysis oils. Biomass and Bioenergy，14（2）：103-113.

Smith S L，Graham R G，Freel B.1993. The development of commercial scale rapid thermal processing of biomass//Klass D L. First Biomass Conference of the Americas—Energy，Environment，Agriculture，and Industry，CO，USA：NREL，（2）：1194-1200.

Solantausta Y，Nylund N，Westerholm M，et al. 1993. Wood-pyrolysis oil as fuel in a diesel-power plant. Bioresource Technology，46：177-188.

Srivastava V K，Sushipl，Jalan R K. 1996. Prediction of concentration in the pyrolysis of biomass material-II. Energy Conversion and Management，37（4）：473-483.

Stenseng M，Jensen A，Kim D J. 2001. Investigation of biomass pyrolysis by thermogravimetric analysis and differential scanning calorimetry. Journal of Analytical and Applied Pyrolysis，58-59：765-780.

Tanaka T，Yonemura S，Kiribayshi K，et al. 1996. Cluster formation and particle-induced instability in gas-solid flows predicted by the DSMC method. JSME International Journal Series B-Fluids and Thermal Engineering，39（2）：239-245.

Thurner F，Mann U. 1981.Kinetics investigation of wood pyrolysis. Industrial and Engineering Chemistry Research，20：482-489.

Tomashevitch K V，Kalinin S V，Vertegel A A，et al.1998. Application of non-linear heating regime for the determination of activation energy and kinetic parameters of solid-state reactions. Thermochimica Acta，323：101-107.

Tomoaki M，Fang Z，Tomoko O.1998. Cellulose decomposition in hot-compressed water with alkali or nickel catalyst. Journal of Suppercritical Fluids，13（1-3）：253-259.

Tsuji Y，Kawaguchi T，Tanaka T. 1993. Discrete particle simulation of two-dimensional fluidized bed. Powder Technology，77（1）：79-87.

Tsuji Y，Tanaka T，Yonemura S. 1998. Cluster patterns in circulating fluidized beds predicted by numerical simulation（discrete particle model versus two-fluid model）. Powder Technology，95（3）：254-264.

Underwood G. 1992. Commercialisation of fast pyrolysis products//Hogan E，Robert J，Grassi G，et al. Biomass Thermal Processing—Proceeding of the First Canada/European Community R&D Contractors Meeting. Newbury：CPL Scientific Press：226-228.

Vachuska J，Voboril M.1971.Kinetic data computation from of non-isothermal thermogravimetric curves of non-uniform heating rate. Thermochimica Acta，2：379-392.

Varhegyi G，Antal J J M. 1989. Kinetics of the thermal decomposition of cellulose，hemicellulose，and sugar cane bagasse. Energy and Fuels，3：329-335.

Varhegyi G，Antal J J M，Jakab E，et al. 1997. Kinetic modeling of biomass pyrolysis. Journal of Analytical and Applied Pyrolysis，42（1）：73-87.

Varhegyi G，Antal J J M，Szekely T，et al.1988. Simultaneous thermogravimetric-mass spectrometric studies of the thermal decomposition of biopolymers. 1.avicel cellulose in the presence and absence of catalysts. Energy and Fuels，2：267-272.

Varhegyi G，Antal J J M，Szekely T，et al. 1988. Simultaneous thermogravimetric-mass spectrometric studies of the thermal decomposition of biopolymers. 2. sugarcane bagasse in the presence and absence of catalysts. Energy and Fuels，2：273-277.

Varhegyi G，Jakab E，Antal M J. 1994. Is the broido-shafizadeh model for cellulose pyrolysis true? Energy and Fuels，8：1345-1352.

Vitolo S，Ghetti P.1994. Physical and combustion characterization of pyrolytic oils derived from biomass material upgraded by catalytic hydrogenation. Fuel，73（11）：1810-1812.

Wagenaar B M，Kuipers J A M，Prins W，et al. 1994. The rotating cone flash pyrolysis reactor. Blackie Academic and Professional，2：1122-1133.

Wang D N，Czernik S，Chornet E.1998. Production of hydrogen from biomass by catalytic steam reforming of fast pyrolysis oils. Energy and Fuels，（12）：19-24.

Wen C Y，Yu Y H. 1966. Mechanics of fluidization.Chemical Engineering Progress，62：100-101.

Wendlandt W W. 1986.Thermal Analysis，3rd ed. New York：Wiley-Interscience.

Williams P T，Besler S. 1993. The pyrofysis of rice husks in a thermogravimetric analyser and static batch reactor. Fuel，72：151-159.

Williams T，Besler S. 1993. The pyrolysis of rice husks in a thennogravimetric analyser and static batch reactor . Fuel，72：151.

Yerushalmi J，Cancurt N. 1979. Further studies of the regimes of fluidization. Powder Technology，24：187.

Yu Q Z，Brage C，Chen G X，et al. 1997. Temperature impact on the formation of tar from biomass pyrolysis in a free-fall reactor. Journal of Analytical and Applied Pyrolysis，40-41：481-489.

Zanzi R，Sjostrom K，Bjornbom E. 2002.Rapid pyrolysis of agricultural residues at high temperature. Biomass and Bioenergy，23（5）：357-366.

Zhu P，Sui S Y，Wang B，et al. 2004. A study of pyrolysis and pyrolysis products of flame-retardant cotton fabrics by DSC，TGAand PY-GC-MS. Journal of Analytical and Applied Pyrolysis，71（2）：645-655.

附　　录

附录 1　落叶松树皮不同升温速率不同模型动力学参数

模型	10K·min^{-1}			20K·min^{-1}			30K·min^{-1}			50K·min^{-1}		
	E/(kJ·mol^{-1})	ln$A$/min^{-1}	R	E/(kJ·mol^{-1})	ln$A$/min^{-1}	R	E/(kJ·mol^{-1})	ln$A$/min^{-1}	R	E/(kJ·mol^{-1})	ln$A$/min^{-1}	R
1	105.49	18.09	−0.9711	101.47	17.59	−0.9704	98.07	16.90	−0.9706	87.83	14.35	−0.9402
2	113.45	19.36	−0.9803	110.31	19.03	−0.9805	105.86	18.09	−0.9802	95.66	15.49	−0.9551
3	116.55	18.61	−0.9835	112.80	18.14	−0.9836	109.01	17.34	−0.9837	99.01	14.76	−0.9612
4	123.72	20.36	−0.9891	120.40	19.96	−0.9894	116.16	19.05	−0.9895	106.26	16.42	−0.9719
5	98.66	14.17	−0.9635	94.61	11.41	−0.9624	91.49	13.07	−0.9628	81.29	10.57	−0.9290
6	148.96	26.47	−0.9942	145.02	25.83	−0.9943	141.71	25.10	−0.9946	132.42	22.36	−0.9920
7	58.56	8.09	−0.9887	56.95	8.22	−0.9888	54.62	7.90	−0.9890	49.33	6.70	−0.9687
8	62.97	10.58	−0.9927	61.13	10.65	−0.9925	59.08	10.39	−0.9933	53.93	9.18	−0.9801
9	38.84	5.42	−0.9912	37.56	5.67	−0.9909	36.14	5.60	−0.9917	32.47	4.88	−0.9745
10	26.77	2.70	−0.9892	25.77	3.04	−0.9887	24.67	3.07	−0.9896	21.74	2.57	−0.9668
11	14.70	−0.24	−0.9832	13.98	0.19	−0.9819	13.20	0.30	−0.9825	11.01	−0.01	−0.9393
12	8.67	−1.93	−0.9713	8.09	−1.48	−0.9679	7.46	−1.34	−0.9672	5.65	−1.62	−0.8724
13	54.52	7.76	−0.9820	52.61	7.83	−0.9821	50.59	7.59	−0.9819	45.26	6.41	−0.9546
14	57.14	8.01	−0.9867	55.39	8.12	−0.9870	53.20	7.83	−0.9870	47.91	6.64	−0.9643

续表

模型	10K·min^{-1}			20K·min^{-1}			30K·min^{-1}			50K·min^{-1}		
	E/(kJ·mol^{-1})	ln$A$/min^{-1}	R	E/(kJ·mol^{-1})	ln$A$/min^{-1}	R	E/(kJ·mol^{-1})	ln$A$/min^{-1}	R	E/(kJ·mol^{-1})	ln$A$/min^{-1}	R
15	48.02	6.79	−0.9643	45.93	6.84	−0.9630	44.16	6.66	−0.9627	38.69	5.49	−0.9222
16	19.29	0.61	−0.9428	18.15	0.93	−0.9387	17.21	0.99	−0.9361	14.12	0.46	−0.8587
17	39.08	5.13	−0.9239	36.87	5.18	−0.9186	35.44	5.09	−0.9183	29.81	3.93	−0.8554
18	33.14	3.94	−0.8842	30.92	3.99	−0.8746	29.74	3.96	−0.8745	24.13	2.82	−0.7934
19	86.00	16.28	−0.9796	83.37	16.08	−0.9814	82.58	16.08	−0.9789	77.94	14.77	−0.9915
20	9.16	−1.01	−0.5890	8.58	−0.59	−0.5914	8.82	−0.12	−0.5847	8.50	0.10	−0.6731
21	9.16	−1.01	−0.5890	26.74	4.75	−0.7461	27.34	5.28	−0.7382	27.37	5.43	−0.8174
22	64.88	14.05	−0.7824	63.06	14.02	−0.7945	64.38	14.67	−0.7869	65.13	14.62	−0.8568

附录 2　Popescu 法计算的各种动力学函数在 520～700K 内不同温度段的相关系数

模型		T_m，T_n/K						
		520，530	530，540	540，550	550，560	560，570	570，580	580，590
1	相关系数	0.9191	0.8531	0.8306	0.9005	0.8657	0.8804	0.9486
	斜率/截距	23.2308	22.4211	23.4815	19.8044	14.6111	11.3714	15.7165
2	相关系数	0.9189	0.8551	0.8323	0.9039	0.8696	0.8874	0.9504
	斜率/截距	22.8571	22.9000	24.7857	21.4167	16.1842	12.7895	18.1884
3	相关系数	0.9188	0.8557	0.8329	0.9050	0.8709	0.8900	0.9511
	斜率/截距	36.0000	26.0000	26.6667	23.8000	23.8000	13.3077	18.8750
4	相关系数	0.9187	0.8570	0.8341	0.9072	0.8734	0.8939	0.9525
	斜率/截距	38.0000	27.5000	28.3333	21.5000	17.7778	14.1429	20.7059
5	相关系数	0.9194	0.8498	0.8278	0.8953	0.8605	0.8706	0.9479
	斜率/截距	30.0000	21.0000	20.0000	16.4000	12.8571	9.7000	13.0833
6	相关系数	0.9182	0.8608	0.8374	0.9131	0.8806	0.9051	0.9568
	斜率/截距	21.0000	31.5000	34.0000	27.1667	21.7000	18.1875	28.9474
7	相关系数	0.8059	0.8284	0.8065	0.8702	0.8578	0.8428	0.9677
	斜率/截距	6.8421	8.9231	8.9787	7.6190	5.4684	4.2105	7.3465
8	相关系数	0.8141	0.8299	0.8082	0.8744	0.8597	0.8532	0.9663
	斜率/截距	7.1184	9.1635	9.3822	7.9962	5.9141	4.6776	8.1277
9	相关系数	0.5166	0.8180	0.7816	0.8327	0.8630	0.7637	0.9830
	斜率/截距	3.3830	5.7231	5.7089	4.5940	3.0379	2.1537	4.9121
10	相关系数	0.2868	0.8102	0.7489	0.7750	0.8695	0.5657	0.9882
	斜率/截距	1.8291	4.2288	4.1606	3.1579	1.7977	1.0566	3.5484
11	相关系数	0.0646	0.7981	0.6743	0.6321	0.8085	0.0369	0.9548
	斜率/截距	0.4319	2.8840	2.7470	1.8549	0.6691	0.0565	2.3109
12	相关系数	−0.4705	0.7871	0.6023	0.4938	0.2686	−0.2528	0.8801
	斜率/截距	−0.2128	2.2575	2.0915	1.2529	0.1440	−0.4119	1.7347
13	相关系数	−0.3051	0.8268	0.8046	0.8654	0.8558	0.8298	0.9694
	斜率/截距	6.7297	8.6364	8.6522	7.1452	5.0327	3.7268	6.6406
14	相关系数	−0.2991	0.8279	0.8058	0.8686	0.8571	0.8388	0.9682
	斜率/截距	68.2000	8.7885	8.9032	7.4167	5.3269	40.4800	7.1364
15	相关系数	−0.3164	0.8236	0.8005	0.8543	0.8513	0.7915	0.9735
	斜率/截距	6.2534	8.1208	8.0170	6.3787	4.2168	2.8601	5.3017

续表

模型		T_m，T_n/K						
		520，530	530，540	540，550	550，560	560，570	570，580	580，590
16	相关系数	–0.4288	0.8009	0.7187	0.6849	0.8418	0.0034	0.9284
	斜率/截距	13.8643	3.6495	3.4000	2.2656	0.8367	0.0048	1.9499
17	相关系数	–0.3340	0.8164	0.7904	0.8224	0.8400	0.5879	0.9766
	斜率/截距	5.4820	7.1505	6.7323	4.9198	2.7200	1.2880	2.9824
18	相关系数	–0.3504	0.8079	0.7766	0.7669	0.8170	–0.0572	0.7413
	斜率/截距	4.7218	6.2270	5.5444	3.5976	1.3869	0.0924	1.0405
19	相关系数	–0.2839	0.8355	0.8146	0.8880	0.8669	0.8802	0.9631
	斜率/截距	8.0000	10.2412	10.8696	9.8118	7.8383	6.7799	11.6216
20	相关系数	–0.2888	0.8328	0.8115	0.8818	0.8634	0.8689	0.9642
	斜率/截距	7.5256	9.7195	10.1515	8.8540	6.8448	5.6806	9.7554
21	相关系数	–0.2839	0.8355	0.8146	0.8880	0.8669	0.8802	0.9631
	斜率/截距	8.0000	10.2412	10.8696	9.8118	7.8383	6.7799	11.6216
22	相关系数	–0.2692	0.8287	0.8333	0.8980	0.8733	0.8959	0.9627
	斜率/截距	0.8919	10.1317	10.9378	11.8685	10.0273	9.2402	16.0082

模型		T_m，T_n/K						
		590，600	600，610	610，620	620，630	630，640	640，650	650，660
1	相关系数	0.9170	0.9532	0.9358	0.8953	0.4944	–0.5447	–0.9057
	斜率/截距	12.5056	22.8466	22.6394	13.7260	4.3427	–3.5663	–6.2138
2	相关系数	0.9220	0.9572	0.9484	0.9198	0.6308	–0.2858	–0.7571
	斜率/截距	15.0000	28.6346	30.4733	20.2918	7.8989	–2.2172	–5.4411
3	相关系数	0.9238	0.9587	0.9526	0.9279	0.6714	–0.1887	–0.6779
	斜率/截距	15.8261	30.8750	34.5000	23.5000	9.6726	–1.5943	–5.0839
4	相关系数	0.9272	0.9615	0.9599	0.9410	0.7324	–0.0309	–0.5267
	斜率/截距	19.2174	36.8800	44.2286	31.8594	13.6148	–0.3074	–4.4183
5	相关系数	0.9124	0.9503	0.9242	0.8757	0.3630	–0.6989	–0.9528
	斜率/截距	10.2500	18.3529	17.0833	10.0000	2.4444	–4.2692	–6.5814
6	相关系数	0.9366	0.9693	0.9762	0.9682	0.8442	0.2708	–0.1887
	斜率/截距	25.6333	64.5556	107.9375	93.2742	35.1942	4.4683	–2.3388
7	相关系数	0.9184	0.9580	0.9335	0.9091	0.5280	–0.4710	–0.8216
	斜率/截距	6.1333	13.6581	15.0680	10.6184	4.2392	–3.1035	–5.6856
8	相关系数	0.9213	0.9592	0.9415	0.9223	0.6171	–0.3075	–0.7117
	斜率/截距	7.0039	15.5191	17.8678	13.5377	6.2648	–2.2594	–5.1974
9	相关系数	0.9126	0.9619	0.9282	0.9072	0.4726	–0.5406	–0.8421
	斜率/截距	4.0449	10.4190	11.7199	8.2940	3.1824	–3.3871	–5.7728

续表

模型		T_m，T_n/K						
		590，600	600，610	610，620	620，630	630，640	640，650	650，660
10	相关系数	0.8882	0.9654	0.9197	0.8983	0.3521	−0.6608	−0.8958
	斜率/截距	0.2781	8.3605	9.3088	6.2201	1.8879	−3.9101	−6.0546
11	相关系数	0.7844	0.9709	0.9088	0.8874	0.1709	−0.7717	−0.9382
	斜率/截距	1.6357	6.5553	7.2153	4.4162	0.7202	−4.4081	−6.3316
12	相关系数	0.6408	0.9745	0.9017	0.8806	0.0479	−0.8206	−0.9547
	斜率/截距	1.1051	5.7270	6.2776	3.5986	0.1797	−4.6510	−6.4667
13	相关系数	0.9150	0.9571	0.9241	0.8921	0.3994	−0.6380	−0.9087
	斜率/截距	5.3600	12.0320	12.6496	8.2101	2.5192	−3.8737	−6.1671
14	相关系数	0.9174	0.9577	0.9306	0.9039	0.4905	−0.5272	−0.8539
	斜率/截距	5.8974	13.0719	14.2618	9.7903	3.6371	−3.3657	−5.8553
15	相关系数	0.9039	0.9558	0.8982	0.8342	−0.0711	−0.8976	−0.9844
	斜率/截距	3.8945	9.1065	8.7228	4.3366	−0.2806	−5.2510	−7.0689
16	相关系数	0.6212	0.9717	0.8557	0.7088	−0.6591	−0.9804	−0.9825
	斜率/截距	0.9952	4.9416	4.5600	1.2806	−2.0455	−5.9925	−7.4792
17	相关系数	0.7698	0.9597	0.7563	−0.7799	−0.9809	−0.9863	−0.9048
	斜率/截距	1.4120	4.6351	3.1209	−0.8548	−4.1647	−7.4048	−8.6217
18	相关系数	−0.4100	0.9849	−0.3359	−0.9593	−0.9658	−0.9005	−0.8002
	斜率/截距	−0.6011	1.3539	−0.6012	−4.1184	−6.6574	−8.9400	−9.8131
19	相关系数	0.9299	0.9647	0.9642	0.9567	0.8001	0.1498	−0.2937
	斜率/截距	10.9844	25.3479	35.2930	33.5596	18.7389	1.8769	−3.1292
20	相关系数	0.9259	0.9618	0.9543	0.9422	0.7307	−0.0375	−0.4810
	斜率/截距	8.8636	19.8423	25.0341	21.3010	11.3381	−0.3581	−4.1762
21	相关系数	0.9299	0.9647	0.9642	0.9567	0.8001	0.1498	−0.2937
	斜率/截距	10.9844	25.3479	35.2930	33.5596	18.7389	1.8769	−3.1292
22	相关系数	0.9373	0.9707	0.9785	0.9768	0.8819	0.3690	−0.0681
	斜率/截距	16.2650	42.1387	80.4385	106.7291	50.7375	7.6219	−1.0538

模型		T_m，T_n/K			
		660，670	670，680	680，690	690，700
1	相关系数	−0.8581	−0.8536	−0.7749	0.5765
	斜率/截距	−6.3279	−6.6671	−4.2319	3.3801
2	相关系数	−0.8119	−0.9478	−0.8512	0.8114
	斜率/截距	−5.6994	−6.1779	−3.9606	3.6168
3	相关系数	−0.7668	−0.9838	−0.8308	0.8473
	斜率/截距	−5.4301	−5.9592	−3.8618	3.6397

续表

模型		T_m，T_n/K			
		660，670	670，680	680，690	690，700
4	相关系数	−0.6538	−0.9883	−0.6982	0.6807
	斜率/截距	−4.9134	−5.5690	−3.7157	3.5535
5	相关系数	−0.8598	−0.8250	−0.7455	0.5186
	斜率/截距	−6.6197	−6.8333	−4.3250	3.2273
6	相关系数	−0.3357	−0.5843	−0.3783	0.2292
	斜率/截距	−3.5542	−4.6312	−3.6554	2.4952
7	相关系数	−0.8218	−0.9731	−0.8350	0.8209
	斜率/截距	−5.7365	−6.0973	−3.9406	3.4472
8	相关系数	−0.7550	−0.9994	−0.7409	0.6767
	斜率/截距	−5.3513	−5.8055	−3.8262	3.3824
9	相关系数	−0.8250	−0.9801	−0.8184	0.7789
	斜率/截距	−5.7575	−6.0743	−3.9343	3.3725
10	相关系数	−0.8487	−0.9600	−0.8448	0.8142
	斜率/截距	−5.9583	−6.2133	−3.9923	3.3529
11	相关系数	−0.8640	−0.9360	−0.8594	0.8288
	斜率/截距	−6.1638	−6.3613	−4.0562	3.3275
12	相关系数	−0.8687	−0.9231	−0.8620	0.8265
	斜率/截距	−6.2718	−6.4265	−4.0965	3.3099
13	相关系数	−0.8581	−0.9161	−0.8538	0.7971
	斜率/截距	−6.1366	−6.4086	−4.0791	0.3424
14	相关系数	−0.8375	−0.9561	−0.8513	0.8374
	斜率/截距	−5.8758	−6.2027	−3.9797	3.5693
15	相关系数	−0.8511	−0.7942	−0.7137	0.4596
	斜率/截距	−6.9322	−7.0512	−4.4691	3.0872
16	相关系数	−0.8360	−0.7684	−0.6848	0.4077
	斜率/截距	−7.2301	−7.2369	−4.5938	2.9322
17	相关系数	−0.7447	−0.6491	−0.5057	0.1071
	斜率/截距	−8.4213	−8.3045	−5.5480	1.4154
18	相关系数	−0.6718	−0.5918	−0.4512	−0.0556
	斜率/截距	−9.6232	−9.4040	−6.7209	−1.0000
19	相关系数	−0.4081	−0.6505	−0.3977	0.2225
	斜率/截距	−3.9234	−4.8096	−3.7148	2.3836
20	相关系数	−0.5735	−0.8813	−0.5267	0.3871
	斜率/截距	−4.6022	−5.2631	−3.7058	3.0093

续表

模型		T_m，T_n/K			
		660，670	670，680	680，690	690，700
21	相关系数	−0.4081	−0.6505	−0.3977	0.2225
	斜率/截距	−3.9234	−4.8096	−3.7148	2.3836
22	相关系数	−0.2153	−0.3677	−0.2970	0.0480
	斜率/截距	−2.8632	−4.2140	−3.9606	0.7401

附录 3　粒径为 0.45～0.9mm，静床层高为 50mm，沙子流化床层表面状态

$U/(m·s^{-1})$	沙子流动弧长	表面现象	沙子流动宽度/mm	沙子流动高度/mm
0.08	1/12 圈沟流		20	20
0.12	1/2 圈沟流		20	20
0.16	3/4 圈沟流		30	30
0.20	1 圈沟流（中间不流化）断续出现		30	30
0.24	1 圈沟流（中间不流化的部分逐渐减少）断续出现		40	40
0.28	1 圈沟流		50	50
0.31	1 圈沟流		60	70
0.35	1 圈沟流		70	70
0.39	1 圈沟流		80	100
0.55	1 圈沟流		80	120
0.62	整体流化			130
0.71	整体流化、床层较好，有夹带			140
0.76	整体流化、床层较好，有夹带			160

附录 4　粒径为 0.45～0.9mm，静床层高为 100mm，沙子流化床层表面状态

$U/(m·s^{-1})$	沙子流动弧长	表面现象	沙子流动宽度/mm	沙子流动高度/mm
0.08	·		20	20
0.12	1/5 圈沟流		30	40

续表

$U/(m \cdot s^{-1})$	沙子流动弧长	表面现象	沙子流动宽度/mm	沙子流动高度/mm
0.16	1/4 圈沟流		30	50
0.20	1/2 圈沟流（中间不流化）交替		50	70
0.24	3/4 圈沟流（中间不流化的部分逐渐减少）交替		70	80
0.28	1 圈沟流、交替		80	120
0.55	全流化			150

附录 5　粒径为 0.45～0.9mm，静床层高为 150mm，沙子流化床层表面状态

$U/(m \cdot s^{-1})$	沙子流动弧长	表面现象	沙子流动宽度/mm	沙子流动高度/mm
0.08	1/12 圈沟流		30	30
0.12	1/8 圈沟流		50	50
0.16	1/4 圈沟流		60	60
0.20	2/3 圈沟流（中间不流化）		70	70
0.24	3/4 圈沟流交替		80	80
0.28	4/5 圈沟流交替		90	90
0.31	1 圈沟流交替		100	100
0.55	1 圈沟流交替		120	150
0.63	1 圈沟流交替		150	200
0.74	流化			200
0.84	流化			250
0.98	流化			350

附录 6　粒径为 0.3～0.45mm，静床层高为 50mm，沙子流化床层表面状态

$U/m \cdot s^{-1}$	沙子流动弧长	表面现象	沙子流动宽度/mm	沙子流动高度/mm
0.08	1/4 圈沟流		50	40
0.12	2/3 圈沟流		50	40

续表

U/m·s^{-1}	沙子流动弧长	表面现象	沙子流动宽度/mm	沙子流动高度/mm
0.16	7/8 圈沟流		80	50
0.20	1 圈沟流（中间不流化）		100	60
0.24	1 圈沟流（中间不流化的部分逐渐减少）		130	70
0.28	1 圈沟流		130	70
0.31	1 圈沟流		150	80
0.35	1 圈沟流		150	100
0.52	1 圈沟流		170	120
0.55	整体沟流交替		200	130
0.59	整体沟流交替		230	150
0.64	流化		250	180
0.79	流化			200
0.91	流化			

附录 7　粒径为 0.3～0.45mm，静床层高为 100mm，沙子流化床层表面状态

U/(m·s^{-1})	沙子流动弧长	表面现象	沙子流动宽度/mm	沙子流动高度/mm
0.08	1/4 圈沟流		50	40
0.12	2/3 圈沟流		100	60
0.16	1 圈沟流		150	80
0.20	1 圈沟流（中间不流化）		200	100
0.24	1 圈沟流（中间不流化的部分逐渐减少）		250	120
0.28	1 圈沟流交替		280	150
0.31	1 圈沟流交替		320	180
0.35	1 圈沟流交替		350	220
0.57	流化		400	270
0.65	流化		400	300
0.86	流化		450	350
0.96	流化		500	
1.07	流化		500	

附录 8　粒径为 0.3～0.45mm，静床层高为 150mm，沙子流化床层表面状态

U/(m·s^{-1})	沙子流动弧长	表面现象	沙子流动宽度/mm	沙子流动高度/mm
0.08	1/8 圈沟流		50	30
0.12	1/4 圈沟流		100	70
0.16	1/2 圈沟流		150	100
0.20	2/3 圈沟流交替（中间不流化）		200	130
0.24	3/4 圈沟流（中间不流化的部分逐渐减少）		250	150
0.28	4/5 圈沟流交替		300	180
0.31	5/6 圈沟流交替		350	180
0.35	1 圈沟流交替		380	210
0.55	1 圈沟流交替		430	250
0.63	流化		400	280
0.74	流化		450	

附录 9　粒径为 0.2～0.3mm，静床层高为 50mm，沙子流化床层表面状态

U/(m·s^{-1})	沙子流动弧长	表面现象	沙子流动宽度/mm	沙子流动高度/mm
0.05	1/12 圈沟流		20	20
0.06	1/4 圈沟流		20	20
0.08	3/8 圈沟流		30	30
0.12	1/2 圈沟流(中间不流化)		30	30
0.16	1 圈沟流(中间不流化的部分逐渐减少)		30	30
0.20	1 圈沟流		40	40
0.24	1 圈沟流		50	50

续表

U/(m·s^{-1})	沙子流动弧长	表面现象	沙子流动宽度/mm	沙子流动高度/mm
0.28	1 圈沟流		60	70
0.31	全流化			100
0.35	全流化			130
0.39	全流化			150
0.54	流化			170

附录 10　粒径为 0.2～0.3mm，静床层高为 100mm，沙子流化床层表面状态

U/(m·s^{-1})	沙子流动弧长	表面现象	沙子流动宽度/mm	沙子流动高度/mm
0.06	1/5 圈沟流		10	10
0.08	3/8 圈沟流		20	20
0.12	1/2 圈沟流（中间不流化）		30	40
0.16	1 圈沟流（中间不流化的部分逐渐减少）		40	50
0.20	1 圈沟流		40	50
0.24	1 圈沟流		50	50
0.28	1 圈沟流		70	70
0.31	全流化			120
0.35	全流化			150
0.39	全流化			160
0.58	流化			200

附录 11　粒径为 0.2～0.3mm，静床层高为 150mm，沙子流化床层表面状态

U/(m·s^{-1})	沙子流动弧长	表面现象	沙子流动宽度/mm	沙子流动高度/mm
0.08	1/5 圈沟流		10	10
0.12	3/8 圈沟流		20	50

续表

U/(m·s^{-1})	沙子流动弧长	表面现象	沙子流动宽度/mm	沙子流动高度/mm
0.16	1/2 圈沟流（中间不流化）		30	50
0.20	1 圈沟流（中间不流化的部分逐渐减少）		30	60
0.24	1 圈沟流		50	70
0.28	1 圈沟流		50	80
0.31	1 圈沟流		70	90
0.35	1 圈沟流			140
0.39	全流化			170
0.63	全流化			190
0.68	流化			230

索　引

B

苯酚替代率　/2
表观动力学方程　/9
不凝结气体　/2
不凝气产率　/89
不同含水率落叶松树皮生物油环己烷洗脱馏分的 TIC 图　/136
不同含水率树皮快速热解生物油成分对比分析　/132
不同原料快速热解生物油成分对比分析　/125
布风板　/61

C

床层密度　/78
床层压降　/81

D

动力学参数　/20
惰性介质沙子流化特性　/75

E

二次进料和旋风分离相结合的新技术　/67
二次裂解　/2

F

反应动力学　/9
反应器　/57
反应速率　/22
反应途径　/18
酚类物质含量　/2, 102

G

高效开发　/7
工艺　/1, 2
工艺参数　/18
工艺参数对生物油产率、酚类物质含量及胶合强度的影响　/103
工艺参数对炭堆积密度的影响　/107
固相滞留时间　/1

H

含水率　/18
含水率对落叶松树皮热解产物产率的影响　/111
含水率对落叶松树皮热解转化率的影响　/146
含水率对热解特性的影响　/30
环己烷洗脱馏分　/120
混合原料热解气体主要成分　/137

J

机理函数　/24
甲苯洗脱馏分　/120
结晶度　/139
结晶化程度　/139
进料量对热解产物产率的影响　/95

K

颗粒的带出速度 /58
可再生资源 /1
空塔速度 /58
快速热解 /1
快速热解动力学基本方程 /96
快速热解动力学模型 /2
快速热解机理 /18
快速热解设备 /14
快速热解液化 /8
快速热解影响因素 /10

L

理论研究 /17
沥青质 /120
粒径对热解产物产率的影响 /94
粒径对热解特性的影响 /31
林木生物质 /5
临界流化速度 /57, 70
流化床热解设备 /14
流化气体流量对落叶松树皮快速热解产物产率有影响 /100
流化气体流量对热解产物的影响 /94
流化气体流速对压力波动的影响 /82
流化特性 /80
流态化 /1
流体力学特性 /18
落叶松 /2
落叶松快速热解气体和不凝气体 TCT 分析 /136
落叶松快速热解生物油分析 /121
落叶松木材 /20
落叶松木材的工业组成、元素组成和化学组成 /20
落叶松木材快速热解产物 /118
落叶松木材快速热解产物炭的物性分析 /139
落叶松木材快速热解动力学模型的建立 /95
落叶松木材快速热解工艺优化 /101
落叶松木材快速热解机理 /99
落叶松木材热解动力学 /20
落叶松木材热解动力学方程 /33, 49
落叶松木材热解动力学模型的优点 /53
落叶松木材热重分析 /24
落叶松木材热重分析及动力学研究 /143
落叶松实木颗粒不同升温速率的特征值 /29
落叶松实木热解动力学方程 /51
落叶松树皮 /2
落叶松树皮和沙子混合的流化特性 /84
落叶松树皮和实木的混合比 /117
落叶松树皮及实木热解过程中吸放热 /29
落叶松树皮颗粒不同条件下的特征值 /28
落叶松树皮颗粒流化特性 /83
落叶松树皮快速热解模型的验证 /98
落叶松树皮热解动力学方程 /49

M

木材的工业分析 /20
木材热解特性 /20
林木生物质资源转化利用 /5

N

能源 /1
能源短缺 /1
农林生物质 /1

P

喷动循环流化床 /1, 57
喷动循环流化床反应器冷态流化特性 /73
喷动循环流化床反应器热态特性 /85

喷动循环流化床反应器升温速率　/85
喷动循环流化床快速热解系统　/55
喷动循环流化床快速热解系统特点　/67
喷动循环流化床快速热解系统性能　/69
喷动循环流化床落叶松树皮快速热解特性　/89
平衡区　/1, 55
平衡区和热解反应区　/67
气体循环速度　/57

R

热化学转化　/5
热解表观活化能　/20
热解产物产率计算方法　/89
热解产物炭的结晶　/142
热解动力学　/22
热解动力学参数　/48
热解动力学方程　/20
热解动力学机理函数的确定　/35
热解动力学基本方程　/33
热解动力学模型　/2
热解反应区　/55
热解工艺　/20
热解工艺参数对热解产物产率的影响　/89
热解过程中进料量对温度的影响　/86
热解过程中流化气体流量对温度的影响　/86
热解机理函数　/2
热解模型　/9
热解炭　/19, 139
热解炭产率（Y_c）计算　/89
热解炭产率　/89
热解温度　/18, 117
热解温度对落叶松树皮快速热解产物产率有显著影响　/100
热解系统　/18
热解液化机理　/17
热解转化率　/26
热重分析　/20

S

设备　/1
设计　/20
升温过程对喷动循环流化床反应器内压力影响　/85
升温速率　/12, 26
升温速率对热解特性的影响　/26
生物油　/1
生物油产率　/2, 89, 147
生物油产率动力学方程　/98
生物油分析方法　/121
生物油酚类物质相对含量的 GC-MS 分析　/122
生物油酚醛树脂　/18
生物油改性　/2
生物油改性酚醛树脂　/101
生物油沥青质的 FTIR 分析　/132
生物油生产成本　/19
生物油性能　/18
生物油样品预处理　/125
生物油蒸气　/2
生物油制备酚醛树脂研究　/16
生物油中酚类物质含量　/117
生物油中酚类物质含量和活性　/147
生物质化工原料　/1
生物质快速热解设备　/14
生物质热解动力学模型　/9
实木原料热解不凝气体主要成分　/137
树皮和实木热解特性的比较　/32
双外推法　/40

T

炭的堆积密度　/117
特征温度　/26
特征相关法　/2, 45
特征相关法确定机理函数　/44
脱水油　/3
脱水油的 GC-MS 分析　/126

W

温度对热解产物产率的影响　/93
物料混合比、含水率对热解产物产率的影响　/110
物料混合比对热解产物产率的影响　/110

X

现代分析手段　/18
新技术　/7
旋风烧蚀反应器（旋风分离器）　/61

Y

乙醇洗脱馏分　/120
因素　/20
影响因素　/18, 118
原料粒径　/18

Z

再生的生物质能源　/1
滞留时间　/12
柱层析　/125

其他

GC-MS 分析　/142
TCT 分析　/142